输电线路与自然和谐共存

冻害防治

工作手册

国网内蒙古东部电力有限公司 编

中国电力出版社
CHINA ELECTRIC POWER PRESS

内 容 提 要

我国幅员辽阔，平原、丘陵、高原、山地和盆地等各种地形在我国均有分布，且气候多变。近年来，随着全球气候环境变化，夏季南北方降雨量逐年呈增大趋势，地下水位随之增高，湿地、沼泽面积增大。冬季北方气温普遍大幅度降低，南方气温屡创新低，大范围破零。受此类气候变化影响，输电线路冻害隐患及故障明显增加，对输电线路安全稳定运行造成了极大的威胁。本书总结了输电线路常见冻害类型，针对不同冻害类型采取不同防护措施，同时本书也详细介绍了输电线路冻害的防治措施以及发生冻害时的应急保障措施。

本书共分为七章，主要内容包括输电线路冻害概述、防冻害技术措施、防冻害工作保障、冻害隐患排查、冻害隐患治理、冻害应急处置、冻害典型案例。

本书可供从事电力工程科研、设计、施工、运维、管理等方面的技术人员学习使用，也可供高等院校相关主、专业师生参考。

图书在版编目（CIP）数据

输电线路与自然和谐共存：冻害防治工作手册 / 国网内蒙古东部电力有限公司编．—北京：中国电力出版社，2023.6

ISBN 978-7-5198-7807-8

Ⅰ．①输…　Ⅱ．①国…　Ⅲ．①输电线路–冻害–防治–手册　Ⅳ．①TM726-62

中国国家版本馆 CIP 数据核字（2023）第 102563 号

出版发行：中国电力出版社
地　　址：北京市东城区北京站西街 19 号（邮政编码 100005）
网　　址：http://www.cepp.sgcc.com.cn
责任编辑：雍志娟
责任校对：黄　蓓　常燕昆
装帧设计：郝晓燕
责任印制：石　雷

印　　刷：三河市万龙印装有限公司
版　　次：2023 年 6 月第一版
印　　次：2023 年 6 月北京第一次印刷
开　　本：710 毫米×1000 毫米　16 开本
印　　张：10.5
字　　数：128 千字
印　　数：0001—2000 册
定　　价：88.00 元

编 委 会

前　言

电力工业是国民经济发展中最重要的基础能源产业之一，是我国经济发展战略中优先发展的重点领域。架空输电线路（简称输电线路）是电网输送电能的重要基础设施。在我国电力快速发展背景下，中国输电线路杆路长度及输电线路回路长度不断增加，2020 年，中国 35kV 及以上输电线路回路长度 215.6 万 km。截至 2021 年底，初步统计全国电网 220kV 及以上输电线路回路长度 84 万 km。气象因素是造成我国电网架空输电线路非计划停运的重要原因之一。输电线路设备长期露置于自然环境中，其工作状况易受各种气象条件（如气温变化、湿度变化、降雨、降雪、大风等）影响，故障发生概率较高。高寒地区，在长期低温气象条件下输电线路更易发生冻害隐患。输电线路冻害是影响高寒地区电网安全稳定的重要因素之一。输电线路安全是保障电力可靠供应的基础和前提。

内蒙古自治区东部五盟市地区（简称蒙东地区），是指东北经济区中内蒙古自治区东部的呼伦贝尔市、兴安盟、通辽市、赤峰市、锡林郭勒盟。地处内蒙古的东北部，东南与黑龙江省、吉林省、辽宁省和河北省毗邻，北与俄罗斯、蒙古国接壤。蒙东地区总面积约 66.23 万 km^2，属寒温带和中温带大陆性季风气候，半干旱季风气候。春季干旱多风，夏季短促温热，秋季霜冻早，冬季寒冷漫长。

蒙东地区海拔为 150～2000m，属高寒地区。冬季长、夏季短，冬季最低温度达－49℃、夏季最高温度可达 39℃，年均气温－5～2℃，其特殊的气象条件使该地区成为微气候区，一般距地表 3～11m 为永冻层，厚 3.5～10m，对该地区输电线路杆塔基础设计、施工、运行维护提出更高的要求。该地区因气候特点呈现的地质特征，从设计、施工、运行维护管理等阶段需充分考虑冻害的影响，采取有效措施减少线路冻害隐患，保证输电线路的安全可靠运行。

本手册包括输电线路冻害概述、防冻害技术措施、防冻害工作保障、冻害隐患排查、冻害隐患治理、冻害应急处置、冻害典型案例共 7 章，内容丰富，配有大量现场照片，直观生动地对内容进行解读，对新入职电力企业员工了解冻害相关知识无疑是最佳的选择。本书除了能作为新入职电力企业员工的培训教材外，更能作为生产班组员工的技术技能培训用书。

本手册在总结提炼蒙东地区输电线路运维经验的基础上，结合有关冻害管理规范，以及当下输电线路冻害有效治理经验编制。

本手册在编写过程中还得到了许多同行的帮助与支持，在此一并表示衷心的感谢。

限于编者水平有限，书中难免有不妥之处，欢迎广大读者批评指正。

编　者

2023 年 6 月

目 录

第 1 章　输电线路冻害概述

冻害是指环境温度达到0℃及以下低温环境下所产生的自然灾害现象。对各行业均有着不同程度的影响。常见的冻害对农业、牧业、交通、电力、通信、供水、取暖，甚至人们的健康都会有比较大的影响。

1.1 输电线路防冻害重要意义

在科技振兴飞速发展的新时代下，电能已成为经济发展与生活起居的必需品，而电力系统一旦遭受破坏，将对各行业发展与民生造成巨大的冲击。作为电能输送的重要载体，输电线路发生冻害影响具有持续时间长、发生频率高、覆盖面积大、影响范围广等特点，防范输电线路发生冻害事故尤为重要。输电线路冻害的发生通常取决于气象条件、地质条件、地理环境和线路结构参数，其对输电线路冻害产生的危害是多方面的，主要表现形式为输电线路组成部件因冻害引起的冻胀、融沉及覆冰、覆雪等现象，轻者发生瞬时闪络跳闸，重者发生线路本体损坏甚至倒塔、断线，造成永久性故障，导致大范围停电的重大电网事故，给经济发展与人们生活造成重大影响。

输电线路覆盖范围广，长期暴露在自然环境中，受地质、地貌、温度、湿度以及风等因素长期影响，极易造成输电线路冻害。近年来，部分地区低温、寒潮等恶劣天气频发，冻害已成为输电线路故障主要诱因之一，主要表现形式包括基础冻胀、融沉及其引起的塔材弯曲与断裂，金具裂纹断裂、绝缘子绝缘强度降低、复合绝缘子芯棒脆断、导地线断线甚至倒杆倒塔等，严重影响输电线路安全稳定运行。

随着现代科技的发展，电网企业为保障输电线路安全稳定运行，遏制冻害事故多发，采用输电线路冻害防治新技术，最大程度上降低线路冻害隐患带来的电网停电风险，减少经济财产损失，在防冻害工作保障、隐患排查、隐患治理及应急处置方面积累了丰富的实际经验。

1.2　输电线路冻害的分类及机理

从冻害发生位置及引发后果，输电线路冻害划分为基础冻害、接地装置冻害、杆塔冻害、导地线冻害、金具冻害和绝缘子冻害等。

1.2.1　基础冻害

基础冻害是指杆塔基础在自然环境运行中，因土壤与空气中的水分子在正负温交替作用下发生的物理变化，产生变化的同时，将改变其自身密度的大小，可能导致基础冻胀、融沉和冻裂等现象，见图 1–1。

图 1–1　基础冻害引发的隐患（冻胀、融沉、冻裂）（一）

图 1-1　基础冻害引发的隐患（冻胀、融沉、冻裂）（二）

1.2.1.1　形成的原因和机理

（1）冻胀。基础冻胀主要原因是土的冻胀，当土层温度降低到负温时，土中自由水结成冰晶体，随着温度继续下降，弱结合水最外层开始冻结，结合水的膜厚度变薄。这样的结果导致土粒产生了剩余分子引力，并且由于水膜变薄，导致离子浓度增加，从而加强了渗透压力，这样未冻结区弱结合水向这里迁移，然后再冻结，如此恶性循环导致冰晶不断扩大至隆胀。基础掩埋于土壤中，底面和侧面受到来自土壤法向冻胀力、切向冻胀力以及水平冻胀力的作用，当产生的冻胀力大于基础的平衡力时，导致基础冻胀、位移，见图 1-2。

影响土体冻胀的主要因素包括了土体颗粒大小、土体含水量、地下水位和土体温度。通常情况下，细颗粒土的冻胀敏感性更强，单位冻结力也明显强于粗颗粒土，所以其切向冻胀力也更高。土壤中的含水量越大，土的冻胀性就越强，在冻结过程中产生的冻胀量和冻胀力都将明显增加，在冻结后土壤体积的膨胀力度更大，地表面隆起的高度也将更高，反之则更小。在-3℃时，土体冻胀量值占最大冻胀量的 70%左右；土体温度在-3～-7℃，土体冻胀量值占最大冻胀量的 50%左右；当温度

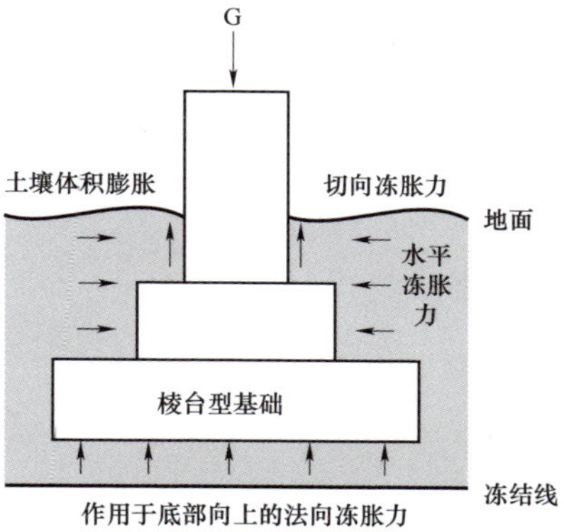

图 1–2　杆塔基础冻胀机理

在 –7～–10℃时，土体冻胀值占最大冻胀量的 5%左右，部分情况下甚至不增加。

杆塔受力状态随着冻结时间的推移，尤其在切向冻胀力作用下杆塔基础与下部原土层之间出现一定的空隙，同时基础下部间隙周围土体在水平冻胀力的作用下，向间隙内部挤压产生变形。暖季时，由于混凝土桩具有较高的导热性能，因此基础立柱与土地接触位置首先发生融化，形成的软塑性流体进入基础下部；冷季时，基础下部变形的间隙土体以及进入基础下的暖季软塑土体阻止了杆塔基础在暖季时融化下沉回到原位置。一个冻融循环的累积作用导致了杆塔基础较原位置的上升，见图 1–3。

（2）融沉。基础融沉主要原因是冻土发生融化，冻土中的冰晶融化成水，土体体积缩小，加上土体原有结构冻胀时形成的裂缝在融化时的闭合，产生融化沉降；同时冻土在融化过程，未冻水含量随地温的升高而增加，直至达到相变温度点，冰全部变成孔隙水，土体便在重力和上覆荷载的作用下发生排水固结，土颗粒运动，孔细度变小而压密，产生固结沉降。融化终结后，排水固结并不马上结束，而是继续进行一段时间，直至土体固结沉降达到稳定。基础掩埋于土壤中，土壤在固结沉降工程中发生了流变位移，进而引起杆塔基础融沉，见图 1-4。

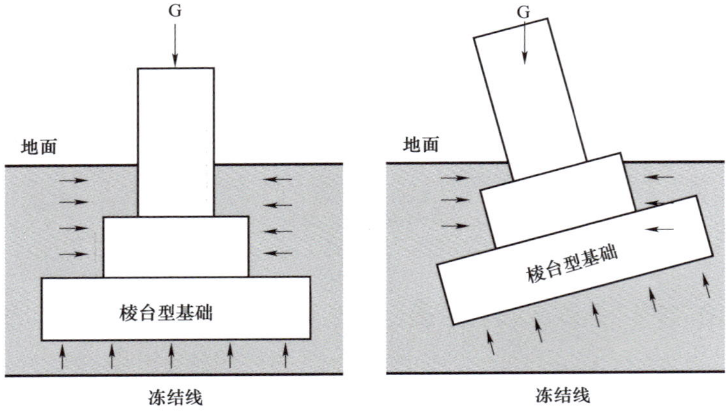

图 1-3　杆塔基础不均匀冻胀机理

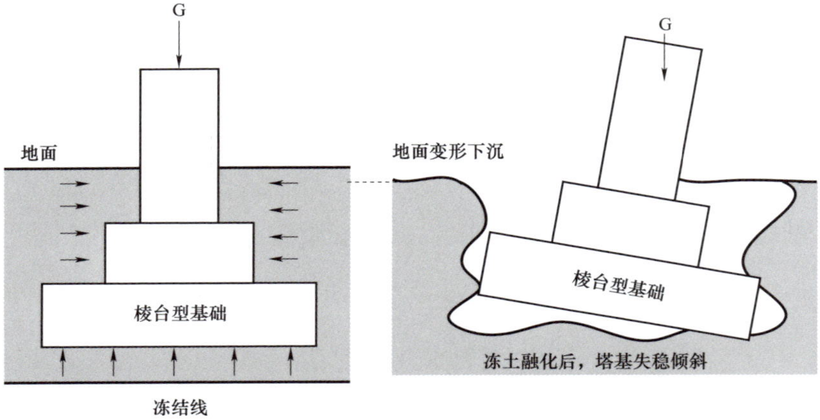

图 1-4　杆塔基础融沉机理

融沉现象主要受冻土性质、上部荷载以及冻土温度影响。杆塔基础的总融沉量包括了相变引起的变形量、土壤在自重作用下的融沉变形量、土壤在外加荷载作用下的融沉变形量。

（3）冻裂。基础冻裂主要原因是混凝土发生冻害，混凝土冻害有三个必要条件，即湿度、水和混凝土内部结构的空隙状况；当温度降低到 0℃以下时，混凝土内部毛细孔中的自由水开始结冰，体积膨胀，结构构件的结冰由表面开始，逐渐向内部发展，表面部位水冻结后，由于结冰而膨胀，将内部未冻结的部分水封闭，并沿毛细孔通道压向内部，随着冻结的发展，结冰体积越来越大，使内部水压力越来越高，当内部增高到超过混凝土的抗拉强度时，就会把毛细孔胀破，产生微裂纹，水在一定压力下，流入发生裂纹的裂缝内，这时毛细孔内部的静水压力降低，破坏有所缓和，而后冻结再继续向深层发展，水压力又继续增大，达到一定程度时，裂纹继续扩展，后产生新的裂纹，裂纹不断发展增多，使混凝土内部发生破坏。杆塔基础冻胀或融沉过程中产生的不均匀上拔或融沉也会造成其出现冻裂现象，见图 1–5。

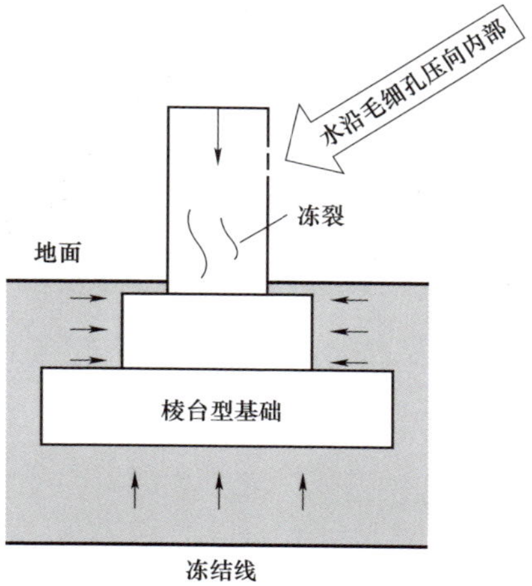

图 1–5　杆塔基础裂纹及冻裂机理

1.2.1.2　输电线路基础冻害的危害

杆塔基础冻害主要表现为杆塔倾斜、塔材弯曲、断裂、基础融沉、上拔、裂纹等。上述危害均会改变杆塔结构稳定性，一般危害将造成杆塔倾斜、塔材变形、断裂，导致导线排列间隙发生变化，可能造成瞬间故障跳闸，严重危害造成塔材断裂、杆塔倒塔、导地线断裂，形成永久性故障。

1.2.2　接地装置冻害

杆塔接地装置是由引下线和接地体组成，与杆塔连接。接地装置冻害主要分为两种，一种是接地体拉拔断裂，主要原因是由于圆钢在拉拔时局部摩擦严重，使组织产生严重塑性变形，降低了材料表面的塑性，进而产生了裂纹，直至断裂；另一种是因接地装置焊接不良，在冷热交替过程中，金属热膨胀系数变化导致的焊点裂纹或断裂，见图 1–6。

图 1–6　接地装置冻害引发的隐患

1.2.2.1　形成的原因和机理

作为接地体材料的镀锌钢，其热膨胀和冷缩系数与土壤存在较大差异，当土壤中形成冻胀作用后，冻土挤压接地体，使其变形，此时镀锌钢之间薄弱点的弯矩承载力大于其极限承载力，接地装置发生破坏，造成接地网整体接地电阻上升或失效。

在高寒地区，由于土体冻胀作用，杆塔基础在受到冻胀力的作用下会出现上拔现象，在上拔过程中，接地引线上部会随基础上拔而位移，而接地引线下部埋设在地下，不会随冻胀而易发生位移，因接地引线上下两部分出现不同步、不等量的位移，导致其拉力急剧增加，材料表面的塑性降低，进而产生了裂纹，直至断裂。随着冻融次数增加，杆塔基础极限抗拔力下降，在基础多次上拔、下沉过程中，易造成接地引下线弯折处出现金属疲劳，也会造成接地引下线断裂，进而导致接地装置的破坏损伤。

极寒气候条件下，接地体埋设处的土壤电阻率显著增大，可达到非冻土状态下的几十倍，这也使得接地网的接地电阻显著增大，防雷性能下降。

1.2.2.2　输电线路接地装置冻害的危害

接地装置冻害主要表现为杆塔接地网、接地模块、接地引下线断裂。上述危害均会降低杆塔接地装置性能，甚至导致接地装置失效，同时降低了接地装置泄导雷电流的能力，增加了雷电灾害发生的概率。

1.2.3　杆塔冻害

基础的冻胀和融沉是引发输电线路杆塔倾斜、塔材断裂等现象的主要原因之一。输电线路在自然环境中长期饱受风振、低温等综合因素的影响，特别是较低的温度增加杆塔材料脆断性的同时降低了其自身的韧性。受覆冰、覆雪影响导致杆塔本体荷载增大，引起塔材弯曲、变形的同时导致塔材发生断裂。严重时可造成因主材断裂、杆塔倾斜而产生倒塔事故的发生，见图 1－7。

图 1－7　杆塔冻害引发的事故及隐患

1.2.3.1　铁塔冻害形成的原因和机理

一方面在冻融过程中出现塔基不均匀冻胀或融沉现象，使某个或多个塔腿发生冻胀或融沉，破坏杆塔固有平衡结构，导致杆塔发生倾斜。杆塔发生倾斜的同时，由于杆塔结构的改变从而引发塔材出现弯曲、裂纹、断裂等现象。另一方面，在电力输送过程中，多数输电线路暴露在自然环境中，遇到雨雪或冰冻等极端天气时，造成杆塔不均匀的覆冰，如果覆冰厚度大于设计允许值，则会对输电线路安全运行造成威胁。

1.2.3.2　混凝土杆冻害形成的原因和机理

混凝土杆冻害是由于基础回填土冻胀、融沉使杆塔发生倾斜、断裂，或低温环境下混凝土杆冻胀出现裂纹的现象。

影响混凝土杆冻裂的主要因素是杆内积水和土壤含盐碱量。杆内积水的主要来源是混凝土杆顶部漏进的雨水与杆底部渗进去的地下水。形成混凝土杆冻裂的原因是由于高寒地区昼夜温差大。混凝土杆根部温度与地表温度存在较大温差，同时混凝土杆施工完成后在固化过程中会形成一些细微的空隙，加上砂、石材料本身具有一定的吸水性，水分子会沿混凝土杆的中空内部向上扩散，当到达距地面以上 0.1～1.0m 处，就开始结成冰霜。在中午气温较高的时候，朝向太阳侧的混凝土杆部分温度开始上升，杆内的冰霜就开始融化侵蚀到混凝土杆内壁内部，当气温下降时又开始结冰冻胀。循环往复，使混凝土杆的裂纹逐步加重，加剧了对杆体的损坏。

1.2.3.3　输电线路杆塔冻害的危害

杆塔冻害主要表现为塔材弯曲、塔材裂纹、塔材断裂、杆塔倾斜、倒塔等。

混凝土杆冻害主要表现为横担弯曲变形、裂纹、断裂、杆塔倾斜、倒杆等。

上述危害均会改变杆塔桁架结构稳定性，一般危害将造成杆塔倾斜、塔材变形、断裂，横担弯曲变形、裂纹、断裂，导致导线排列间隙发生变化，可能造成瞬间故障跳闸，严重危害造成杆塔倒塔、导地线断裂，从而造成永久性事故。

1.2.4　导地线冻害

导地线冻害是指空气中的水分子在特定气象条件下以不同形式附着在导地线表面，在地理条件、线路走向及悬挂高度等因素影响下，杆塔及导线出现过荷载、脱冰跳跃及覆冰舞动的现象，见图 1-8。

图 1-8　导地线冻害引发的事故及隐患

1.2.4.1　导地线冻害形成的原因和机理

导地线冻害主要表现为导地线覆冰、覆雪。按覆冰、覆雪形成条件及性质，可分为五种类型：雨凇覆冰、软雾凇覆冰、混合凇覆冰、覆白霜、覆雪。

（1）雨凇覆冰。超冷却的降水碰到温度等于或低于 0℃的物体表面时所形成玻璃状的透明或无光泽的表面粗糙的冰覆盖层。这种覆冰主要产生于冻雨期低海拔地域，持续时间一般较短，环境温度接近冰点，积冰透明，在导线上的粘合力很强，冰的密度很高。雨凇覆冰是混合凇覆冰的低级阶段，由于冻雨持续期一般较短，因此导线覆冰为纯粹的雨凇覆冰的情况相对较少。

（2）软雾凇覆冰。软雾凇是低温时空气中水汽直接凝华或过冷雾滴直接冻结在物体上的乳白色冰晶沉积物，一般是由于山区低层云中含有的过冷水滴，在极低温度与风速较小情况下形成的。这种覆冰积冰呈白色、不透明、晶状结构、密度小，在导线上附着力相当弱。最初的结冰是单向的，由于导线机械失衡，逐渐围绕导线均匀分布，在此情况下，这种冰对导线一般不构成威胁。

（3）混合凇覆冰。混合凇是雨凇和雾凇混合的凇。在混合凇覆冰条件下，水滴冻结比较弱，积冰有时透明，有时不透明，冰在导线上黏合力很强。混合凇是一个复合覆冰进程，密度较高，生长速度快，对导线危害特别严重。

（4）覆白霜。空气中的水分与 0℃以下的物体接触时，湿气附着冷物体表面凝结形成白霜。白霜在导线上的黏结力十分微弱，即使是轻轻地振动，也可以使白霜脱离所黏结导线的表面，与其他类型覆冰相比，白霜基本不对导线构成严重危害。

（5）覆雪。空气中的干雪或冰晶很难粘结到导线表面。只有当空气中的雪为湿雪时，导线才会出现积雪现象。当有强风时，雪片易被风吹落，导线不会覆雪，故导线覆雪受风速制约，平原地区或低地势无风地区导线覆雪现象较常见。

1.2.4.2　输电线路导地线冻害的危害

导地线冻害主要有当输电线路和杆塔上覆冰后因重量增加会引起导线覆冰发生弹性形变导致弧垂增大，致使导线对地及跨越物间安全距离减小，从而引发闪络事故；当覆冰厚度过大，会引起导线、金具、绝缘子及杆塔的实际荷载超过设计水平，使导地线从压接管内抽出，或外层铝股全断、钢芯抽出，杆塔基础下沉、倾斜或断裂，杆塔折断甚至倒塌。或是当发生不均匀覆冰或脱冰的时候会产生纵向不平衡张力，致使导地线发生大幅度跳跃，造成导线之间、导地线之间距离不足引起短路故障，烧伤甚至烧断导线。同时引起导线在线夹处滑动、抽芯、断裂，悬垂绝缘子碰撞破损、相间间隔棒断裂，使得横担发生扭转，折断。

1.2.5 金具冻害

金具冻害主要表现为金具冻裂和金具冻胀。金具在自然环境中运行，金属遇冷后，材料结构发生变化，使材料发生质化，呈现性能异向化，可能失去原有特性，由于金属内部结构被破坏，导致了塑性指标发生急剧下滑，脆性增强，容易变形、膨胀、断裂，见图 1-9。

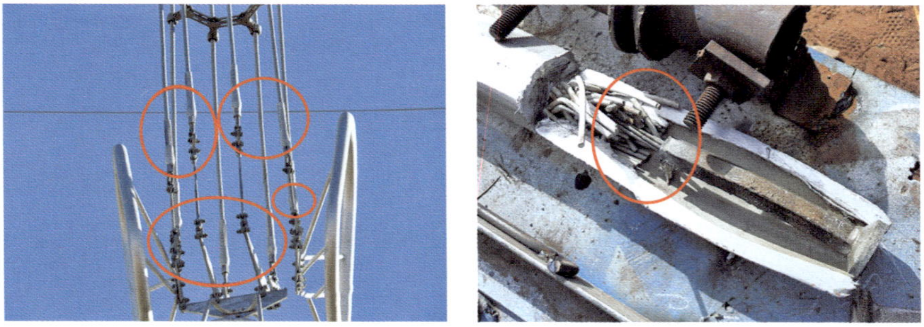

图 1-9　金具冻害引发的隐患

1.2.5.1 金具冻害形成的原因和机理

金具冻害主要表现为金具冻胀、冻裂、断裂。金具冻胀主要体现在耐张线夹、引流线夹，其成因是采取倒装形式时，雨水沿线材绞制纹路与铝管压接处细微间隙慢慢渗入压接管内，进入冬季压接管内部留存的水发生冻结，水冻结后体积增大 9%，使压接管空腔内部间隙逐渐变大，随着运行时间的累积，积蓄在压接管内的水量逐年增多，在季节交替中该过程恶性循环，最终导致压接管产生鼓包甚至纵向裂纹。金具冻裂是在运行过程中，受温度影响，金具韧性下降，当应力发生改变或负载达到极限时，造成金具表面或内部形成细小裂纹，严重时造成断裂。金具断裂是常年运行在自然环境中，在秋冬交替和冬春交替时，因覆冰等原因引发线路舞动，从而造成金具疲劳磨损，最终造成金具断裂；或因线路发生冻害时，导线、绝缘子、杆塔因覆冰、覆雪荷载急剧增加，加之线路风荷载增加，在综合荷载共同作用下，金具所承受荷载超出设计标准，承载能力不足，造成金具断裂，导地线掉、脱线事故。

1.2.5.2　输电线路金具冻害的危害

金具冻害中金具断裂危害最为严重，其主要表现形式为因金具断裂引发导地线掉线、脱线事故，从而形成永久性接地故障。

1.2.6　绝缘子冻害

绝缘子冻害是在特定低温气象条件下绝缘子发生物理、化学等特性变化的现象，主要受温度、湿度、冷暖空气对流、环流以及风等因素影响，主要表现形式为绝缘强度降低、材质劣化、芯棒断裂等，见图 1－10。

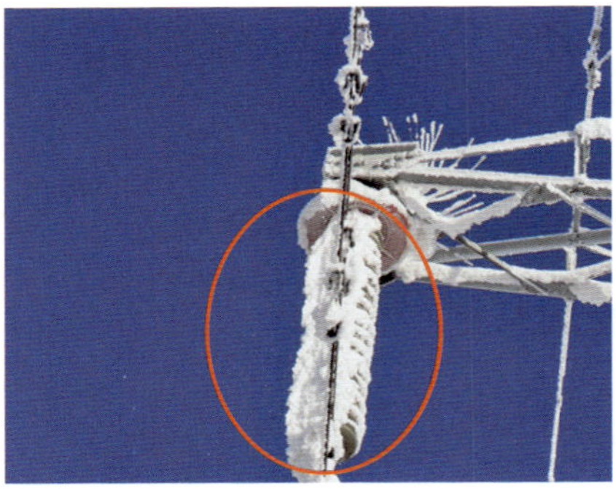

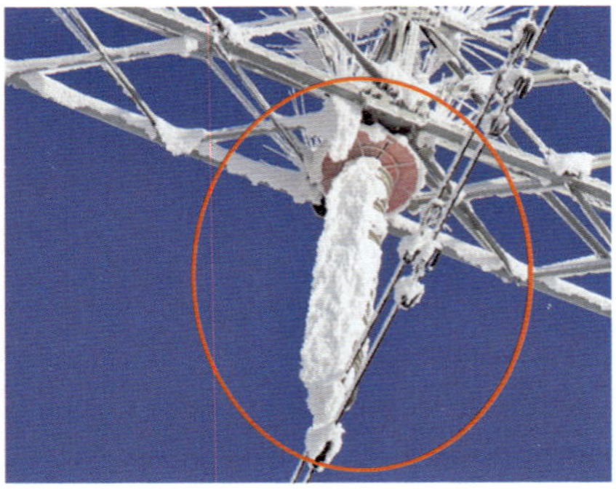

图 1－10 绝缘子冻害引发的隐患

1.2.6.1 形成的原因和机理

绝缘子覆冰、覆雪是因气温下降至－5～0℃，风速为 3～15m/s 时，过冷却水（雨、湿雪）在与绝缘子发生接触时，过冷却水在绝缘子表面凝结，形成绝缘子覆冰、覆雪。在水量充足条件下，风速越大、温度越低，绝缘子覆冰、覆雪速率越快。输电线路杆塔绝缘子串因覆冰或被冰凌桥接后，绝缘强度下降，造成爬电距离缩短，容易引发绝缘子电弧灼伤及线路绝缘闪络；在融冰阶段，受绝缘子不同污秽度影响，融化的冰（雪）水与污秽物融合，大幅度提升了融冰（雪）水的电导率，最终导致电力线路绝缘闪络故障。融冰状态下绝缘子污秽程度越高，绝缘闪络概率越大。

复合绝缘子中主要承受机械应力的部件为芯棒，芯棒内沿轴向排布的玻璃纤维丝为主要承载材料。复合绝缘子断裂是由于其芯棒发生了物理性断裂而造成的。当导线在冰雪脱落或覆冰、覆冰受风荷载的影响而发生舞动，复合绝缘子受舞动影响，发生弯曲变形，芯棒的径向方向需要承受巨大的冲击力，造成了芯棒内部轴向排列的玻璃纤维逐渐发生断裂，从而引起复合绝缘子冻害的发生。

在高寒地区输电线路上运行的盘式瓷绝缘子瓷件是由多种晶体材料混

合后经高温烧制而成，其内部结构呈现非均匀状态，且热膨胀和冷缩系数随温度改变也呈现出非线性变化规律。冻融循环过程中，水泥粘合剂可从空气中吸收水分，造成其结构疏松。极端低温环境中，受温度变化影响，盘式瓷绝缘子中不同部件及不同晶体之间产生收缩或膨胀效应，尤其当温度降低时，盘式瓷绝缘子钢帽部件发生收缩，而水泥粘合剂由于内部水分受冻成冰而膨胀，产生两者之间的结构内应力；而当温度升高时，钢帽发生膨胀，水泥粘合剂中冰融化成水而发生收缩，两者之间结构产生的内应力降低。当经历多次上述冻融循环后，钢帽与水泥粘合剂之间的粘接力显著下降，造成了两者发生局部脱落现象，对瓷件整体也产生隐患，同时在机械应力和电气的作用下，最终导致盘式瓷绝缘子劣化。

1.2.6.2　输电线路绝缘子冻害的危害

绝缘子冻害主要表现为绝缘子电弧灼伤、绝缘闪络、绝缘子断裂等。上述危害轻则降低绝缘子串电气强度，造成输电线路瞬时接地故障，严重时会因绝缘子断裂从而导致输电线路永久性接地故障。

第 2 章　输电线路防冻害技术措施

为保证输电线路具有高强度的抗灾能力，路径应尽可能降低线路的平均海拔，避让覆冰、覆雪频繁发生地区及其他微地形、微气象区域。根据电网的负荷分布和环境因素，规划具有高等级设防标准的加强型线路材料，对同一通道内的不同线路及同一线路的不同区段采取差异化设计，提高输电线路气象条件设防水平，以保证其在遭受恶劣天气冲击时，能够安全稳定运行。

2.1 基础防冻害技术措施

2.1.1 设计阶段

（1）若杆塔基础无法避让沼泽地段或冻土区，须逐基进行地质勘探并根据地质勘探报告选用合适的基础型式，开展荷载与冻胀力校验。

（2）除优先规划线路避让不良地质和地形外，冻土地区可采用的防水措施主要有挡水埝、散水坡、排水沟、防水层等。冻土地区防水及排水措施的设计应考虑水文条件、地形特点、冻土类型、基础设计状态、施工工艺等因素。

（3）冻土地区输电线路基础设计应考虑冻胀力影响，冻土地区基础宜选择冻胀等级低、设计冻深或融化深度小的场地，并根据具体情况采用可靠的防冻胀措施。对冻胀等级较高、冻胀剧烈的冻土的基础，宜消除或减小冻胀作用，可采用换填法、物理化学法等地基处理方法以及锥柱基础等结构措施。

（4）冻土地区基础底面应优先埋置在地温稳定、持力性能较好、融沉小的土层，地基的变形量应满足《建筑地基基础设计规范》的规定。对融沉等级较高、变形量较大的冻土基础，应减小或消除融沉危害，宜采用换填法、热棒基础等措施。热棒的设置应根据热棒产品性能，通过热工计算或试验确定，同时兼顾施工应用的便利性。

（5）现浇混凝土强度等级不应低于 C25，桩基础混凝土强度等级不应低于 C30，预制混凝土强度等级不应低于 C40。混凝土抗冻等级不应低于 F100。负温环境施工的冻土区基础混凝土宜采用负温早强混凝土。基础钢筋应按照《架空输电线路基础设计技术规程》的要求选用，基础主柱及底板受力钢筋宜选用 HRB400 型号，箍筋等非受力钢筋宜选用 HPB300 型号。

（6）多年冻土地区的基础底面下宜设置由粗颗粒非冻胀性砂砾料构成的垫层。垫层厚度应根据多年冻土地基所采用的设计状态确定，且不应小于 300mm；垫层应分层夯实，并满足垫层下持力层承载力的要求。基础的竖向构件应考虑切向冻胀力的作用进行设计；冻土地区基础混凝土最外层钢筋保护层厚度应满足混凝土耐久性要求，且不宜低于 50mm；冻土地区基础其他构造要求应符合《混凝土结构设计规范》《架空输电线路基础设计技术规程》和《建筑桩基技术规范》的规定。

（7）季节冻土地区基础埋深应符合下列规定：

1）对弱冻胀土、冻胀性地基土，基础埋置深度不宜小于设计冻深；

2）对强冻胀土、特强冻胀土，基础宜埋置在设计冻深以下不小于 0.5m 处。

2.1.2 施工阶段

2.1.2.1 总体措施

（1）施工中应采取快速开挖基坑、快速浇筑、快速回填、快速实施基础防冻措施的原则，缩短基坑暴露时间，严禁基坑开挖后长期暴露。

（2）混凝土可通过原材料的质量检验与控制、混凝土配合比的合理确定、混凝土拌和物各项指标的控制、混凝土强度评定等控制质量。

2.1.2.2 冻土施工保护措施

（1）多年冻土区输电线路基础施工应根据设计状态采取相应措施：

1）当采取保持冻结状态设计时，施工过程中应保持冻土地基冻结状态，宜选择在寒季进行基础施工；

2）当采取允许融化状态设计时，施工过程中应按设计要求的状态采取相应施工措施。

（2）在寒季进行冻土区输电线路开挖类基础施工时，应采取有效的基坑支护和保温措施，当地基采用原位开挖冻土就地回填时，地基土应均匀回填夯实，且回填地基的压实度或原位密度应满足设计要求。

（3）当寒季施工时，冻土地基中钻孔灌注桩基础、掏挖基础、开挖类现浇基础静置期不宜少于 60 天，钢管桩混凝土预制桩基础装配式基础及其他预制基础静置期不宜少于 30 天，在静置期间应避免基础承受荷载。当非寒季施工时，冻土地基中输电线路基础静置期应适当延长。

（4）当输电线路开挖类基础采用置换的地基土进行回填时，回填材料应采用冻胀性弱的粗颗粒土。

（5）基础周边回填土基面应高出设计标准不少于 500mm，该回填层作为防沉层。在基础施工完成后，对因固结或融化融沉形成的坑洞和裂缝，应及时填土并夯实。

2.1.2.3　混凝土施工防冻措施

（1）混凝土防冻措施主要包括：提高混凝土拌和物及施工养护的温度，混凝土掺和早强、防冻、引气等添加剂。

（2）负温条件下现场浇筑混凝土时，混凝土出机温度不应低于 10℃，混凝土入模温度不应低于 5℃且不宜高于 15℃，混凝土养护温度不应低于防冻剂的使用温度，混凝土脱模后其表面温度与环境温度差不应大于 15℃。寒季施工拆模后，混凝土温度与外界温度相差大于 20℃时，拆模后的混凝土应保温覆盖，使其缓慢冷却。

（3）混凝土养护应包括一定的带模养护时间，带模养护期间应对混凝土外露面采取包裹、覆盖、喷淋洒水等保温保湿措施，其中洒水养护混凝土养护温度和水温不得低于 0℃。

（4）对寒季浇筑的混凝土，在基础结构受冻以前，应通过同条件养护试件的抗压强度试验确定基础结构混凝土强度，在混凝土的温度降至 0℃前，该强度不得低于混凝土抗冻临界强度。

抗冻临界强度应符合以下规定：

1）普通混凝土采用硅酸盐水泥或普通硅酸盐水泥配制时，应为设计的混凝土强度标准值的 30%；

2）采用矿渣硅酸盐水泥配制的混凝土，应为设计混凝土强度标准值的 40%；

3）掺用防冻剂的混凝土，当大气温度不低于 −15℃时，应不小于 4.0MPa；当温度不低于 −30℃时，应不小于 5.0MPa。

2.1.2.4　混凝土灌注到地面后应清除桩顶部浮浆层，单桩基础可安装桩头

模板，找正地脚螺栓；灌注桩头混凝土，桩头模板与灌注桩直径应吻合，不得出现凹凸现象；桩基础应表面光滑；群桩基础的承台应在桩的整体性能检测合格后施工。

2.2 接地装置防冻害技术措施

2.2.1 设计阶段

2.2.1.1 冻土区接地装置设计时应考虑耐腐蚀性和延展裕度。

2.2.1.2 冻土区接地装置宜使用扁钢。

2.2.2 施工阶段

2.2.2.1 接地线埋深满足设计要求。焊接时，接头处应采取防腐措施，搭接长度应符合《电气装置安装工程接地装置施工及验收规范》规定，不能有虚焊、假焊的现象，焊接时要防止雨、雪掉落在焊缝上。

2.2.2.2 优先选用较好的焊接方式，提升接地材料焊接位置密实度及抗腐蚀性能，减少接地结构薄弱位置数量。焊接工艺好的接地装置，其焊接点抗拉及抗弯矩承载力强，基础冻胀位移时，不易在焊接点位置处发生损坏。

2.2.2.3 采用性能优良的降阻剂。性能优良的降阻剂具有稳定的化学性能，同时还能保护金属不受腐蚀。

2.3　杆塔防冻害技术措施

2.3.1　设计阶段

2.3.1.1　若设计路径无法避免中、重冰区时，不应采取紧凑型杆塔设计，应按稀有条件考虑杆塔构件覆冰后风荷载增大系数，选用抗冰能力强的杆塔，避免选用紧凑型杆塔。

2.3.1.2　中、重冰区线路应适当缩短档距和耐张段长度，并使档距较为均匀。耐张段长度一般不应超过 3km，同一耐张段内，每隔 4～5 基直线塔，应设置 1 基加强型直线塔以防串倒。

2.3.1.3　除无冰区段外，杆塔应全塔采用等厚双螺母防松措施；靠近地面处应采取防卸措施，杆塔结构连接应采用 8.8 级热浸镀锌螺栓。

2.3.1.4　经过环境极端最低气温不高于－30℃区域的输电线路，杆塔的 Q420 钢材质量等级应满足不低于 C 级钢的质量要求，Q460 钢材质量等级应满足不低于 D 级钢的质量要求。

2.3.1.5　低温环境、焊接结构、直接承受动力荷载的结构限制使用 Q235－A、Q235 沸腾钢，应选用质量较好和脆性转变温度低于结构工作温度的钢材。

2.3.1.6　重冰区线路宜采用单回路、导线水平排列的杆塔，城区或市郊线路可采用钢管杆。

2.3.1.7　在冻土区，混凝土杆应选用下段实心杆体，增加埋设深度，可不设置卡盘，增加杆塔回填土高度，同时装设防倾倒拉线。

2.3.2 施工阶段

2.3.2.1 杆塔

（1）塔材运输时装卸应避免塔材受力变形，组塔起吊时、组装塔材时起吊吊点应尽量选择在起吊塔材重心上，必要时用木方衬垫防止塔材变形，垫铁严禁用垫片代替，确保杆塔结构稳定性。

（2）杆塔部件组装有困难时应查明原因，不得强行组装。个别螺孔需扩孔时，扩孔部分不应超过 3mm，当扩孔需超过 3mm 时，应先堵焊再重新打孔，并应进行防锈处理，不得用气割进行扩孔或烧孔。塔材焊接时不准将材质型号和脆性转变温度不同的塔材进行焊接处理。

（3）杆塔组立后，塔脚板应与基础面接触良好，有空隙时应用铁片垫实，并应浇筑水泥砂浆，确保杆塔不发生倾斜。

（4）组塔完成后螺栓应进行复紧，紧固应满足相应型号螺栓紧固力矩要求。每基塔螺栓紧固抽检比例不少于 25%，主材连接处、导地线挂点等关键部位螺栓应全检。

2.3.2.2 混凝土杆

（1）混凝土杆运输、装卸、不得互相碰撞、急剧坠落和不正确的支吊，组立过程中严禁野蛮装卸和组装，防止外力破坏混凝土杆本体。

（2）混凝土杆端头的混凝土局部碰损应进行修补，预应力混凝土杆及构件不得有纵向、横向裂缝，普通钢筋混凝土杆及细长构件不得有纵向裂缝，横向裂缝宽度不应超过 0.05mm。

（3）混凝土杆卡盘和底盘制作尺寸及质量应满足设计要求，安装位置和方向应满足设计要求。双层卡盘应交叉安装，对于冻胀率高的冻土区段应考虑增加埋深，取消卡盘底盘安装。

（4）将卡盘放入坑内，穿上抱箍，垫好垫圈，用螺母紧固验收合格后方可回填土。

（5）底盘找正合格后应沿其四周填土夯实至底盘表面，以防止起吊混凝土杆时引起位移。

（6）法兰盘连接的混凝土杆应对法兰盘螺栓进行紧固，确保螺栓满足紧固力矩要求，并对法兰盘缝隙采取封堵填充措施。

（7）带拉线的混凝土杆，拉线制作工艺和拉线盘埋深应满足设计要求，每个拉线盘上的拉线不准超过两根。

2.4　导地线防冻害技术措施

2.4.1　设计阶段

（1）输电线路通过微气象区及开阔区时，应减小线路走向与主导风向夹角，一般不宜大于 45°。

（2）输电线路不准在重冰区换位。

（3）冰区新建线路应尽可能降低线路平均海拔，避免出现大档距、大高差。当地形受限无法避让时，宜采用耐张塔或加装预绞丝等相应加强措施。

（4）增加验算条件。验算覆冰、覆雪可按稀有条件考虑。验算覆冰情况下，导地线弧垂最低点的最大张力不超过相应破断力的70%。

（5）计算导地线覆冰荷载时，应考虑导地线覆冰后风荷载增大系数。

（6）地线覆冰宜比导线增加5～10mm，地线断线张力提高25%～100%。

（7）中、重冰区杆塔档距宜均匀，避免出现大小档和大档距。无法避免时，要通过验算脱冰跳跃后导地线不平衡张力，对多分裂导线断线不平衡张力应提高10%～25%。

（8）中、重冰区的地线型号应提级选择，且应注意中冰区500kV及以上线路的地线采用镀锌钢绞线时，标称截面不宜小于100mm^2。

（9）冰区输电线路导线应尽量采用少分裂根数的导线，减少杆塔荷载，但应尽量避免选择2分裂导线，防止不同期脱冰时出现线路死绞的现象。重冰区输电线路导线宜采用高强度钢芯铝合金线或其他加强型的抗冰导线。

（10）合理规划塔头尺寸，在脱冰跳跃情况下使导地线和导线间电气间隙满足要求。中、重冰区导线的水平线间距宜在非冰区设计导线水平线间距离值基础上加大5%～15%。

（11）ADSS光缆在轻冰区使用时要保持较小的悬挂高度，不准在重冰区使用。

（12）中、重冰区线夹处导线应采用预绞丝护线条保护，减轻或防止不平衡张力、脱冰跳跃和舞动对导线的损害，应使用固定型线夹、重锤。

（13）结合冰区分布和舞动区分布加装相间间隔棒、线夹回转式间隔棒及双摆防舞器等防舞装置。

（14）导线间隔棒应充分考虑重冰线路的运行特点，减小次档距，增加抗扭强度。

2.4.2　施工阶段

（1）不同金属、不同规格、不同绞制方向的导线或地线严禁在一个耐张段内连接，中、重冰区段不准有接续管和补修管。

（2）同相（极）多分裂导线的子导线应同步展放。不能同步展放时，应采取措施消除相（极）多分裂子导线蠕变对弧垂的影响。

（3）导地线在施工过程中不应出现损伤，在张力架线全过程中应对导线、地线及 OPGW 光缆采取相应保护措施。

（4）导地线压接握着强度不得小于有关规定。

（5）调整弧垂时，应换算至最高温度弧垂。

2.5　金具防冻害技术措施

2.5.1　设计阶段

冻害区域金具选择应按综合荷载计算，提高金具强度或选用耐磨（加强）型金具，根据不同区域环境特点，选择合理的金具连接方式，减少金具磨损。

2.5.2 施工阶段

（1）接续管压接前，应测量管内、外壁直径和管壁厚度，导线外层铝股应清除表面氧化膜，均匀涂抹导电脂。

（2）耐张线夹压接前用导电脂填充剩余空间或在导线端头涂导电脂，也可以在金具内孔端头钻孔形成的带锥度的端头涂导电脂，填满金具内的剩余空间。

（3）耐张线夹倒挂时应在压接管尾部空鼓边缘开 1 个排水孔，同时在上部对侧开 1 个通风孔，孔径为ϕ6mm。

（4）施工过程中，如发现金具出现变形、裂纹、损伤时，严禁使用。

2.6 绝缘子防冻害技术措施

2.6.1 设计阶段

2.6.1.1 线路设计阶段绝缘子选型应充分考虑绝缘子在设计路径内气象条件下的电气绝缘性能、机械强度、耐污能力等方面进行选配。

2.6.1.2 新建架空输电线路无法避开重冰区，绝缘子应选用合理的布置方式，提升设防标准。

2.6.2　施工阶段

2.6.2.1　绝缘子安装前应对预安装绝缘子进行绝缘电阻检测。

2.6.2.2　绝缘子安装前表面应逐个清洗干净，并进行外观检查。安装时应检查碗头、球头与弹簧销之间的间隙。在安装好弹簧销的情况下，球头不得自碗头中脱出。绝缘子钢帽、绝缘件、钢脚应在同一轴线上，钢脚、钢帽、胶装水泥是否存在裂纹、歪斜、变形或严重锈蚀，钢脚与钢帽槽口间隙不应超标；复合绝缘子伞套的表面不允许有开裂、脱落、破损等现象，绝缘子的芯棒与端部附件不应有明显的歪斜。

2.6.2.3　直线杆塔绝缘子串顺线路方向的偏斜角（除设计要求的预偏外）不应大于 7.5°，或最大偏移值不应大于 300mm；绝缘横担端部偏移不应大于 100mm。特高压直线塔绝缘子串顺线路方向最大偏移值（除设计要求的预偏外）不应大于 400mm。

2.6.2.4　当悬垂绝缘子串采用 V 型串时，应结合设计图纸合理选择调整板等零部件，控制组串后的夹角和长度误差。

2.6.2.5　附件安装应采取防止工器具碰撞绝缘子的措施，不得踩踏复合绝缘子。

第 3 章　输电线路防冻害工作保障

输电线路防冻害工作保障包括管理体系、装备保障和培训演练三个方面，应在贯彻执行国家有关法律法规和国家、行业及上级单位线路防冻害相关标准、规程、制度、规定基础上，结合地理环境特点制定本地区的防冻害工作保障体系。

3.1 管理体系

3.1.1 组织体系构建

构建由各级设备管理部门、电科院、运维单位、运检班组组成的输电线路防冻害组织体系。输电线路的防冻害工作由国家电网公司设备管理部归口管理，各级运检部门分级负责，电科院提供技术支撑，设备运维管理单位具体实施，其防冻害组织体系，见图3-1。

（1）设备管理部履行以下职责：组织编写公司线路防冻害工作方案，指导、监督、检查、考核所属各单位线路防冻害工作，协调解决线路防冻害管理中的重大问题；负责督促落实线路防冻害技术措施；协调线路应急抢修；组织开展公司线路防冻害工作技术交流、专业分析和总结。

（2）电科院履行以下职责：协助设备管理部指导、监督、检查所属各单位线路防冻害工作；负责汇总、报送公司冻害相关信息及资料；组织开展公司线路防冻害工作技术交流、专业分析和总结；协助开展公司线路防冻害故障分析、制定防范故障措施。

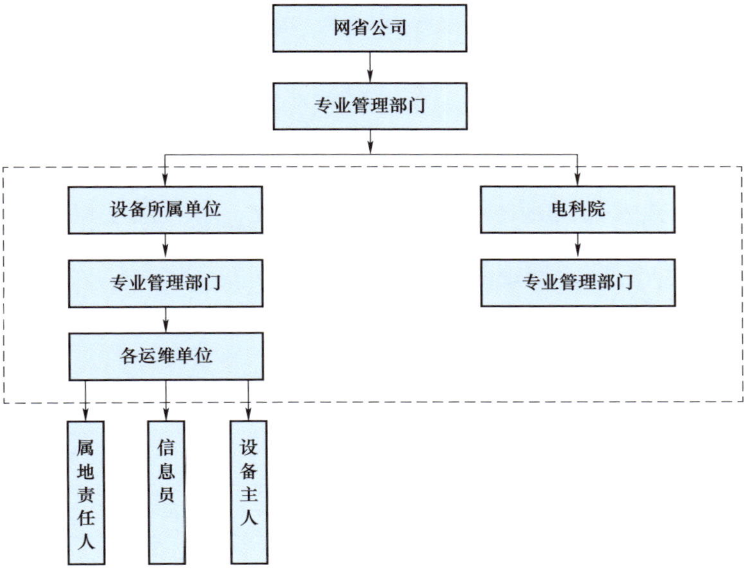

图 3－1　架空输电线路防冻害组织体系

（3）地（市）公司运检技术部履行以下职责：组织本单位线路防冻害技术措施、工作方案、现场处置方案的审查并督促落实，指导、监督和检查本单位线路防冻害工作；提出本单位防冻害装备配置需求；协调线路应急抢修；负责本单位线路防冻害工作的总结。

（4）设备运维单位履行以下职责：组织本单位线路隐患排查，落实线路防冻害技术措施；编制本单位线路防冻害工作方案、现场处置方案，开展防冻害培训与处置演练；收集上报本单位线路冻害基础信息；开展线路现场处置，配合线路大型应急抢修；负责线路恢复申请及线路设备检查；负责本单位线路防冻害工作的分析和总结。

（5）输电运检班组履行以下职责：开展本单位防冻害装备设施的检查维护；开展本单位线路隐患排查；收集上报本单位线路相关信息资料；开展线路防冻害现场处置和应急抢修后的现场检查及信息反馈。

3.1.2 制度建立

各级运检技术部门宣传和贯彻国家、行业、有关架空输电线路防冻害的标准、规程、制度、规定等，见表 3－1。

表 3－1　　输电线路防冻害相关标准、规程、制度

序号	规章制度名称	文号
1	《架空输电线路运行规程》	DL/T 741—2010
2	《国家电网公司直流输电系统防止冻雪灾害运行指导原则》	国家电网公司生〔2009〕1334 号
3	《国家电网公司十八项电网重大反事故措施》	国家电网公司生〔2012〕352 号
4	《国家电网公司架空输电线路运维管理规定》	国家电网公司（运检/4）305—2014
5	《输电线路电流融冻技术导则》	国家电网公司科〔2012〕107 号
⋮	……	……

3.1.3 方案编制

各地（市）公司运维单位根据公司的防冻害制度、管理办法，结合各地（市）地理环境特点制定本地区的防冻害工作方案，内容主要包括组织机构及其职责、防冻害的目标和任务、工作计划、值班安排、防冻害具体措施及责任分工、重点区段及责任分工、应急预案等。

防冻害期间，地（市）公司可实行“日例会、日计划、日通报”制度，通报当天电网动态，分析天气形势，安排任务，排定调度操作、现场操作、现场抢险把关人，提醒重点事项，严控安全节点。

3.1.4　前期检查

省公司、地（市）公司组织开展方案预案、人员队伍、在线监测系统、各类工具物品等全面检查，确保方案、措施具体，人员、装备、物资到位。

方案预案检查内容主要为：是否制定了相关防冻害工作方案和应急处置预案等，并组织了相关人员进行培训。

人员队伍检查内容主要为：是否制定了防冻害组织机构，成立了应急抢险队伍，并抽查人员对防冻害标准、规程、制度、规定的掌握情况。

在线监测系统检查内容主要为：对输电线路环境通道环境、温度、湿度、风速、风向、泄漏电流、覆冰、导线温度、风偏、弧垂、舞动、绝缘子污秽、周围施工情况、杆塔倾斜等参数进行实时监测，提供线路异常状况的预警，通过对线路各有效参数的监测，能够提高对输电线路安全经济运行的管理水平，并为输电线路的状态检修工作提供必要的参考。

工具物品检查内容主要为：包括各专业消耗性材料、劳保防护用品、通信器材、安全工器具、后勤保障物资、应急抢修用的发电机、照明灯具，检查是否进行了全面清点，并实行集中统一管理。

3.1.5　应急抢险队伍

应急抢险队伍由本单位员工或外聘施工队伍组成，运维单位应充分考虑发生大范围冻害情况下，应急抢险队伍的作业承载力。

（1）应急抢修队伍的任务职责：及时排除和修复由冻害引起的线路故障或事故，主要有杆塔各部件加固，导地线修补及架设、杆塔组立等。

（2）外聘施工队伍的资质条件：

1）具有法人资格的营业执照和施工资质证书；

2）具有法定代表人证明或法定代表人授权委托书；

3）具有政府主管部门颁发的安全生产许可证；

4）近三年所承包的工程未发生伤亡事故和质量事故；

5）具有确保安全、质量的施工技术素质，特种作业人员持证上岗；

6）施工管理机构、安全质量管理体系及制度健全，人员配备充足；

7）保证施工安全和质量的机械、工器具、计量器具、安全防护设施、用具配备齐全；

8）接到抢险指令后，所有应急抢险人员应能在 24 小时内到达指定地点集合。

（3）外聘施工队伍的组建流程

1）资格审查。应急抢险队伍的资格审查，应由设备运维管理单位相应部门完成。

2）协议签订。运检单位应与选定的应急抢险队伍签订用工合同，明确责任、报酬、用工期限等事项。

3）安全协议。按照《国家电网公司电力建设工程分包安全协议范本》，由指定部门与选定的外聘应急队伍签订安全协议。

4）安全培训。应定期组织对外聘应急队伍进行冻害故障抢险知识培训及安全注意事项交底。

（4）抢险承载力评估。抢修作业前，有关部门应从人员结构规模、施工机具装备等对应急抢险队伍进行承载力评估；超出本单位抢险承载力，应请求上级单位支持。

3.1.6　应急物资

（1）建立健全应急物资装备储存、调拨和紧急配送机制，确保突发事件所需的物资装备和生活用品的应急供应。省级公司根据地理环境实际状况、结合应急响应速度，因地制宜设立应急物资储备仓库；设备运维管理单位根据线路分布特点，分别建立物资储备仓库，并投入必要的资金，配备应急处置所需的抢修工器具、通信、交通等各类装备和电力抢险物资。

（2）应急物资实行按电压等级分级储备，其中省级公司主要负责储备大型一次设备、各市公司不易储备的设备、以及其他特殊用途的物资；地（市）公司负责本单位最重要最常用物资及备品备件的储备。备件主要包括绝缘子、杆塔金具、线夹和挂板等，其中杆塔金具随绝缘子整串配置，架空输电线路备品备件的储备参考，见表 3-2。

表 3-2　　　　架空输电线路备品备件储备表（参考）

序号	工具名称	单位	数量	配置地点	储备方式（实物/协议）	保管人	备注
1	直线抢修塔	基	≥2				500kV 及以上每种电压等级统一配置 5 基，220kV 及以下配置 3 基
2	钢管杆	基	≥2				配套耐张线夹、接续管
3	水泥杆	基	≥2				配套耐张线夹、接续管
4	钢芯铝绞线	m	2500				配套耐张线夹、接续管
5	OPGW 光缆	m	2500				按 500km 配置
6	钢绞线	m	2500				按 500km 配置
7	导线补修管	只	50				按 500km 配置
8	地线补修管	只	50				按 500km 配置
9	复合绝缘子	支	40				按 500km 配置
10	悬式绝缘子	片	500				按 500km 配置
11	螺旋式接续条	组	500				按 500km 配置
⋮	……						

（3）应对大面积雨雪冰冻灾害所需的应急发电车、应急救援通信设施按所辖线路维护区段分片配置。

（4）应急物资储备实行“实物储备、协议储备”等方式。对于一些占地空间大的物资如塔材，导地线，按照“品质可靠、供应及时、距离就近”的原则，选取协议供应商，签订特殊时期供应合同，保证备品备件、应急物资供应及时、可靠。

（5）运维单位应加强应急抢修物资及备品备件日常维护，指定专人负责，实施应急物资信息化管理，建立物资台账，分类摆放，定期检验，消耗后及时补充，完善应急储备物资的收货、入库、保管、出库工作；定期函调供应商库存情况，更新应急供应商库存信息。

3.2 装备保障

防冻害在线监测装置：

（1）配置原则。对于易发生冻害地区，特别是微地形微气象区域、高寒山区、山坡的迎风面，架设大跨越输电线路，运维单位可根据线路设计和运维情况安装防冻害在线监测装置。

（2）配置流程。制定在线监测装置现场布点，编制布点表和布点图，布点表见表3-3。系统维护单位和运维单位负责现场的在线监测装置安装、检修、维护，确保在线监测装置完好可用。

表 3-3　　在线监测装置布点表（示例）

序号	线路名称	线路电压	杆塔编号	管理单位	装置 ID	装置电话号码	备注
1	××××	×××kV	××号	××××××公司	××××××	××××××××× ××××	
⋮							

（3）检修维护。线路运维单位根据在线监测装置的运行情况和设备故障情况，定期对在线监测装置进行检修维护，见表 3-4。

表 3-4　　在线监测装置检修维护及典型故障处理

序号	故障情况	故障处理
1	电源系统故障	更换蓄电池或太阳能电板
2	传感器故障	更换传感器
3	金具锈蚀	更换锈蚀金具
4	信号线松动	仔细连接信号线
5	通信设备故障	更换通信设备
6	摄像头故障	更换摄像头

3.3 培训与演练

3.3.1 培训

网省公司每年集中开展本单位的线路防冻害规章制度、冻害隐患排查、冻害隐患治理、冻害应急处置等知识培训，在冬季前组织各级调度、运行、检修人员对防冻相关工作方案进行集中培训，确保相关人员熟悉流程、明确职责、熟练操作。

设备运维管理单位在冬季前，组织线路冻害观测人员开展集中培训，确保其熟练掌握气象、线路冻害的观测方法、观测内容、冻害情况汇报处置流程和有关仪器仪表的使用。

各运维单位每年年初应根据省级职能管理部门防冻害总结内容、防冻害工作制度及标准，结合本单位现场已采用的防冻害装置类型和各地区线路冻害信息，由运维单位制定防冻害年度培训计划，组织开展运维人员培训工作。

各运维单位每年年初应组织线路信息员开展防冻害专项培训工作，制定线路信息员专项培训方案，介绍线路冻害季节隐患排查及反馈重点等内容，提高信息员防冻害工作针对性及执行力，保证信息员自身工作落实到位。

3.3.2 演练

线路防冻害操作演练：在冬季前开展一次线路防冻害演习，对线路防冻害操作流程、现场安全管理等进行全面演练，提高各职能部门的应急反应和协调配合能力，以确保实际冻害隐患排查及治理工作的有序、安全、高效开展。

设备运维管理单位冬季前，组织输电线路检修人员培训冻害隐患排查装置操作及有关的线路冻害治理方案，熟练掌握有关的检测装置操作，能熟练编写有关冻害隐患治理方案或事故抢修单，熟悉冻害期间应急塔、帐篷等有关应急物资使用，见图 3-2。

图 3-2　500kV 应急塔及帐篷应急演练

针对可能发生的典型事故或典型事件，各级运检部门制订详细的演习方案，组织调控中心、设备运维管理单位、发电厂等单位，采取实际操作为主、模拟操作为辅的方式，开展反事故演练和应急抢修演练，包括冻害隐患观测排查、人工巡检、冻害治理操作、设备抢修、应急物资供应、通信和网络保障、与省公司和政府部门沟通汇报等，以提高各单位、各部门的应急反应和协同配合能力，确保实际冻害排查、治理工作的有序、安全、高效开展。

第 4 章　输电线路冻害隐患排查

对于投运后的输电线路，输电线路的隐患排查工作应结合线路巡视开展，实行常态化管理。本章依据线路冻害故障发生部位和表现形式，从巡检项目和检测项目两个层面，结合实际工程经验及运行规范，提出针对性的线路冻害隐患排查措施。运维单位应结合上级单位隐患排查治理管理规范要求，制定本地隐患排查管理办法，配置相应的检测仪器及装备，尽早排查线路冻害隐患。

4.1 冻害隐患排查管理

防冻害隐患排查可分为：全面排查、日常排查和专项排查。隐患排查根据线路所处地质条件及气象环境条件，结合线路运行经验，确定线路冻害易发区域，并建立线路冻害台账。根据《国家电网公司设备隐患排查治理管理规范》的隐患分级原则，根据线路冻害隐患的危害程度，设备隐患分为重大隐患、较大隐患、一般隐患三个等级。每年定期组织隐患排查分析会，阶段总结隐患排查情况，及时发布典型隐患分析报告，明确典型隐患排查方法。

全面排查应在每年 6 月底前完成。日常排查是根据冻害典型问题、季节性特点，开展常态化的隐患排查。专项排查为针对公司系统输电线路冻害事故暴露的典型问题，按照“发现一起、排查一批”的原则，举一反三开展类比排查。

根据隐患排查结果分析研判，制定整改方案，及时治理隐患。重大隐患要挂牌督办，明确责任人，跟踪治理、督促进度。

4.2 基础类隐患排查

4.2.1 巡检项目

（1）检查基础表面不应裂纹、水泥不应脱落、钢筋不应外露。

（2）装配式、插入式基础不应出现锈蚀。

（3）基础周围保护土层不应流失、塌陷。

（4）特高压直流架空接地极线路绝缘基础的防腐绝缘处理应满足设计要求。

（5）长年冻土区杆塔装有热棒的基础，热棒的倾斜度应不大于 30°，热棒翅片间间隙应均匀，不应出现翅片咬齿、挤压、倒伏等，且翅片间不应有泥土、沙石、油污、木屑、悬挂异物等。

（6）拉线基础埋层厚度、宽度不应减少。

（7）检查基础回填土培土情况，检查是否存在下沉或缺土、水淹、冻胀、堆积杂物等情况。

（8）检查基础边坡保护距离，应满足《110kV～750kV 架空输电线路设计规范》等标准的要求。

（9）基础保护帽不应掩埋、破损、蜂孔、裂缝等。

（10）结合季节特点对膨胀土基础、高寒地区冻土基础开展有针对性的专项检查，观测周边膨胀土潮湿后膨胀或高寒土冻胀对基础是否产生破坏。

（11）在进入冰冻期前对杆塔进行全面巡视；检查混凝土杆是否出现裂纹、杆顶封堵及排水口情况进行检查。

（12）巡视时应注意周边水文环境对基础安全稳定性的影响。

4.2.2 检测项目

（1）杆塔基础冻胀、融沉、移位检测。

（2）杆塔基础混凝土强度检测。

（3）混凝土裂纹检测。

（4）基础开挖检查。

4.3 接地装置类隐患排查

4.3.1 巡检项目

接地装置冻害巡检排查结合基础冻害排查开展。主要排查是否出现因基础冻害引起的变形而导致的接地网断裂、接地模块断裂、接地引线断裂等情况。

4.3.2 检测项目

（1）接地电阻检测。

（2）接地装置开挖检查。

4.4　杆塔类隐患排查

4.4.1　巡检项目

（1）杆塔冻害隐患排查检查项目包括塔材螺栓松动、丢失，塔材锈蚀、变形、裂纹、缺失、断裂，铁塔倾斜，杆塔覆冰、倒塔，拉线有无损伤或松弛，视频在线监测装置等。

（2）混凝土杆应检查混凝土杆未封杆顶、老化、破损、裂纹、保护层腐蚀脱落、钢筋外露；螺栓松动、丢失，横担弯曲、裂纹、断裂、混凝土杆倾斜，放水孔是否按要求外露，拉线有无损伤或松弛，覆冰情况等。

（3）复合横担护套不应出现破损或龟裂、脱落等现象。

（4）排查冻害区大档距、大高差的杆塔，并建立排查档案。

（5）检查杆塔主材、钢管塔相邻结点间弯曲度，不应超过相应规定值。

（6）发生冰灾后立即对区域内线路进行杆塔荷载覆冰校核。

4.4.2　检测项目

（1）杆塔倾斜检测。

（2）杆塔铁件及表面锈蚀检测。

（3）混凝土杆强度检测。

（4）混凝土杆裂纹检测。

（5）混凝土杆挠度检测。

（6）混凝土杆受冻情况检测。

4.5 导地线类隐患排查

4.5.1 巡检项目

（1）检查导地线，线夹和接续管有无滑动、锈蚀、损伤、断股或烧蚀。

（2）检查导地线弧垂变化，相分裂导线间距变化。

（3）检查导线对地及跨越物的距离变化。

（4）对防舞装置进行外观检查。

（5）导地线覆冰、覆雪及舞动观测。

4.5.2 检测项目

（1）大跨越导地线振动测量；

（2）对导地线的弧垂、交叉跨越、对地距离测量。

4.6　金具类隐患排查

4.6.1　巡检项目

（1）线夹磨损、裂纹、断裂、销钉脱落或严重锈蚀；

（2）防振锤跑位、脱落、严重锈蚀，阻尼线变形、烧伤；

（3）间隔棒松脱、变形或离位（磨损）；

（4）各种连板、连接环、调整板损伤、裂纹。

4.6.2　检测项目

（1）红外测温检测；

（2）金具表面形变、裂纹、断裂检测；

（3）间隔棒检查；

（4）金属探伤检查；

（5）对冻害区域的金具进行随机取样检测。

4.7 绝缘子类隐患排查

4.7.1 巡检项目

（1）绝缘子伞裙有无破损、有无放电痕迹，绝缘子锁紧销有无缺损、失效，钢帽、伞裙有无裂纹、断裂等情况。

（2）绝缘子钢帽、绝缘件、钢脚应在同一轴线上，钢脚、钢帽、胶装水泥是否存在裂纹、歪斜、变形或严重锈蚀，钢脚与钢帽槽口间隙不应超标。

（3）复合绝缘子伞裙、护套不应出现破损或龟裂、脱落、蚀损等现象，端头密封不应开裂、老化。

（4）相间间隔棒不应出现老化、裂纹、断裂；连接金具螺栓脱落、断裂，连接处的导线不应受到挤压、弯折和磨损。

（5）防污闪涂料涂层龟裂、起皮和脱落或憎水性丧失等。

（6）绝缘子串顺线路方向的偏斜角或最大偏移值是否超出规定值，直流线路绝缘子锌套腐蚀等。

（7）特殊天气条件下绝缘子覆冰、覆雪情况观测。

（8）对悬垂绝缘子串在该区域导线可能产生的最大覆冰、覆雪厚度，所承受的最大荷载进行校核。

4.7.2　检测项目

（1）绝缘子零值检测；

（2）绝缘子盐密、灰密检测；

（3）定期抽查不同地区、不同环境运行中的绝缘子，对其进行拉力、电气性能和绝缘老化试验；

（4）复合绝缘子憎水性检测。

第 5 章　输电线路冻害隐患治理

对于投运后的输电线路，应根据设备隐患治理管理规范要求，结合本地线路实际情况，制定本地线路冻害隐患治理办法，配置相应的检测仪器及装备，尽早治理线路冻害隐患。本章依据线路冻害故障发生部位和治理要求，结合实际工程经验及运行规范，提出针对性的线路冻害隐患治理措施。

5.1 冻害隐患治理原则

依据《国家电网公司设备隐患排查治理管理规范》，建立分级排查、风险预警、闭环治理、遏制增量和评估考核的长效机制。

冻害治理以确保输电线路运行安全为目标。在验收阶段，严格执行设计、验收标准，开展缺陷隐患排查，监督施工单位进行消缺。在运行阶段贯彻落实“主动检修、彻底处理”理念，结合缺陷、隐患实际情况及时制订检修策略，合理制定检修计划，刚性执行检修计划完成缺陷隐患治理。对巡视中发现隐患应做好隐患登记和影像资料留存，并完成分级认定、定级审核发布、建立隐患档案、发布设备风险预警通知单、制定检修策略、完成隐患治理。

5.2 冻害隐患治理措施

5.2.1 基础类隐患治理措施

5.2.1.1 当基础发生裂纹隐患时，可采取以下方式进行修复：

（1）扩径补强，在原基础表面打毛后重新在其外部和上部浇 100～200mm 厚混凝土的方法将原基础进行加固。

（2）涂刷环氧树脂，多用于基础表面多发“裂纹”的处理，可有效阻止有害物质侵入混凝土，防止裂纹的发展。

5.2.1.2　杆塔基础发生冻胀、融沉隐患时，可采取的以下方式进行修复。

（1）采用换土法，将杆塔周围原土更换为非冻胀性材料（如中砂、粗砂、砾石、卵石、炉渣等），减少冻胀力作用于基础。

（2）对常年处于冻土区段杆塔，在基础周围可增加热棒，利用虹吸原理，把地基热量传入大气中，保持地基冷却、冻结状态，热虹吸的冷却作用可有效地防止多年冻土融化，降低多年冻土地基温度，提高多年冻土稳定性，保证铁塔地基可长期处于设计温度状态，有效防止基底法向冻胀力。

（3）采用憎水性材料，如重油、工业凡士林、机油、化学表面活性剂等材料涂敷在基础侧面，降低冻土冻胀力。

（4）修建排水隔水设施，避免在基础侧、底部积水。通常采用地表排水沟、挡水埝或基底设排水管，将地下水排走。

（5）若基础发生冻胀上拔或融沉超出杆塔倾斜最大允许值，无法恢复时，应对杆塔基础进行重新浇筑。

5.2.2　接地装置类隐患治理措施

5.2.2.1　对易发生接地装冻害的杆塔，更换柔性接地装置，见图 5-1。

因柔性接地装置弹性强，不易随基础冻胀位移而发生脆性断裂，可有效降低接地装置断裂风险。但柔性接地装置较常规接地装置价格贵，投入成本高，其硬度相对较低，抗机械破坏能力差。

图 5–1　石墨烯柔性接地带

5.2.2.2　采用加粗接地体，见图 5–2。

图 5–2　采用加粗型接地引下线

加粗型接地装置抗拉力、抗弯矩承载力强，冻土挤压接地体时，加粗接地装置不易发生损坏；同时加粗型接地装置电阻率低，泄漏雷电流能力强，防雷效果好。

5.2.2.3　更换有延展裕度的接地引线。

5.2.3　杆塔类隐患治理措施

5.2.3.1　在冰冻期前开展杆塔全面巡视，及时补装塔材及螺栓，使螺栓紧固力矩满足运行规程要求，补装更换焊接结构、直接承受动力荷载的结构塔材时，应选用质量较好和脆性转变温度低于结构工作温度的钢材，确保杆塔稳定性。

5.2.3.2　杆塔覆冰后应采集现场覆冰相关数据，开展杆塔覆冰后强度校核，校核结果超出或接近设计覆冰荷载极限值时，应采取补强或更换铁塔方式治理，增强桁（héng）架结构的承载力。更换时应选用提升设计标准的新塔更换改造。

5.2.3.3　对于杆塔自身原因造成的倾斜，整体桁架结构未发生改变的，可通过调整塔腿垫铁厚度（需灌注混凝土填补缝隙）完成倾斜治理。

5.2.3.4　档距超过 500m 的区段需缩小档距增加杆塔差异化改造。

5.2.3.5　安装钢质抱箍完成杆体强度补强；采用沥青油膏防腐处理；裂缝在 1mm 以上的可采用膨胀水泥进行喷水泥浆法修补，其硬化后缝隙结合更紧密，修补后再涂一层沥青油，使其与空气隔绝，为防止土壤冻结时混凝土杆冻胀，还应留出放水孔，护套的厚度和高度应视混凝土杆受力和裂缝情况而定，套筒距离地面较高时应考虑装上脚钉，以便日后维护检修上下混凝土杆使用。裂纹疏松比较严重、修复后达不到要求的混凝土杆应及时更换为角钢塔。

5.2.3.6　为防止混凝土杆及其他空心结构电杆内部积水冻裂电杆，应对混凝土杆顶部进行封堵及对排水口进行清理。

5.2.3.7 混凝土杆倾斜可以通过加装拉线增加杆塔稳固性，防止倾斜加剧；对季节性冻土，且冻土深度在 3.5m 以内，可以通过反压作用增加回填土方式治理倾斜。

5.2.3.8 混凝土杆因冻害导致严重倾斜，在冻土面积较大时可以考虑将混凝土杆更换为角钢塔，结合土质种类和冻害程度，选用适当基础形式更换角钢塔。

5.2.3.9 混凝土杆应减少冻土与杆根接触面的摩擦力，例如采用涂抹润滑剂、换填渣油混粗砂等材料包裹杆根的方法，最大程度地降低基侧切向冻胀力。

5.2.3.10 将混凝土杆杆身周围原土更换为非冻胀性材料（如中砂、粗砂、砾石、卵石、炉渣等），减少切向冻胀力作用于杆体。

5.2.3.11 对邻近湿地、沼泽、河床等区域的杆塔基础，可选用下段实心杆体，增加埋设深度，可不设置卡盘，增加杆塔回填土高度，同时装设防倾倒拉线。必要时采取修筑挡土墙（桩）、截（排）水沟、改造上下边坡等措施，减少水渗入基础而改变永冻层位置和深度，避免基础冻胀上拔隐患。

5.2.3.12 损坏的在线装置应及时更换。

5.2.4 导地线类隐患治理措施

5.2.4.1 安装监测装置。动态更新冰区分布图和舞动区分布图，覆冰及易舞动区域，安装在线监测装置及设立观冰站（点），记录、收集有关沿线气象环境资料的调研收集，动态更新冰区分布图和舞动区域分布图，为输电线路防冰设计与防治提供技术基础数据支撑，见图 5-3。

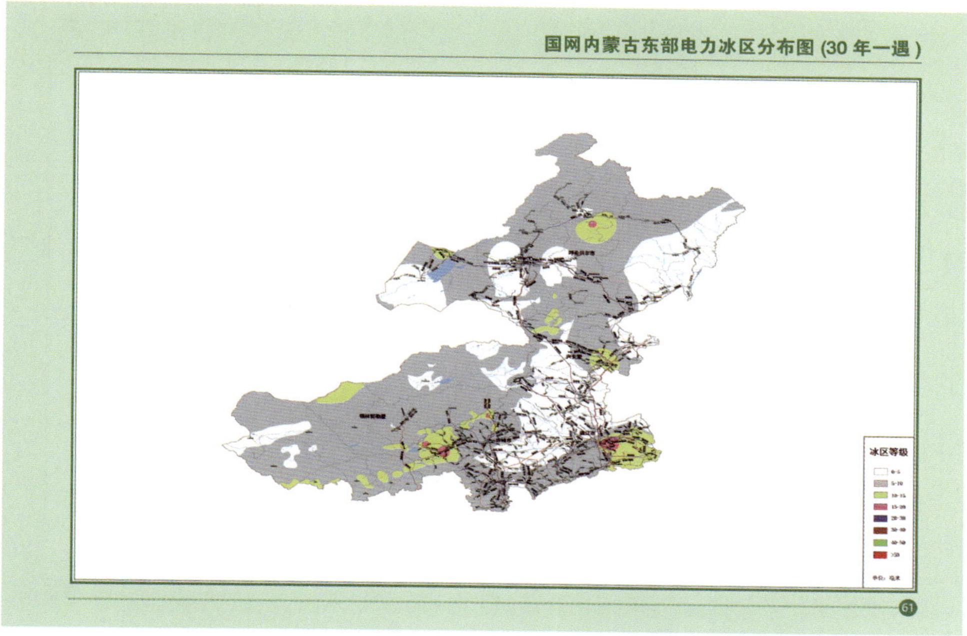

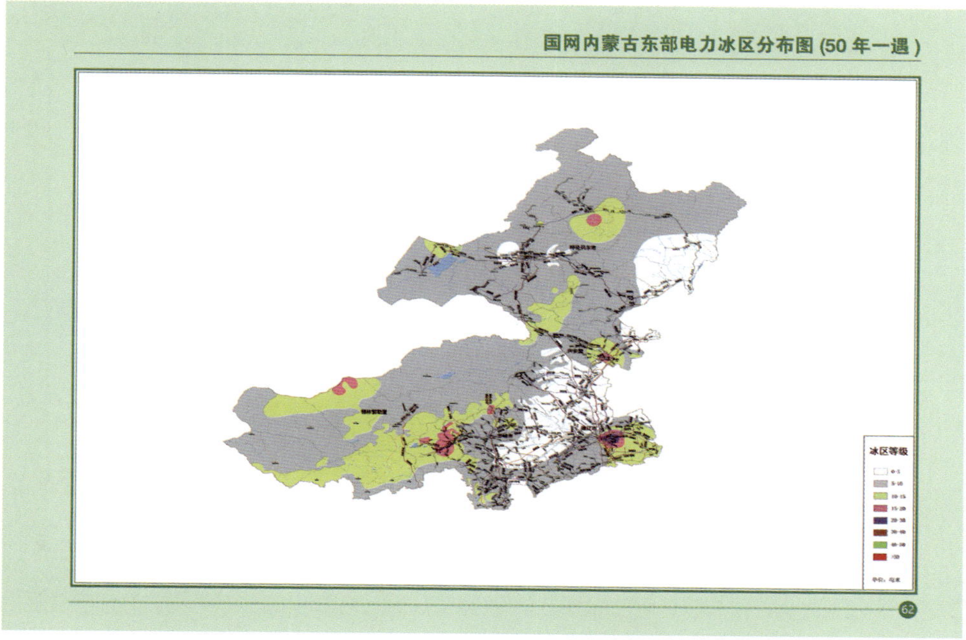

图 5-3　冰区分布图和舞动区分布示意图（一）

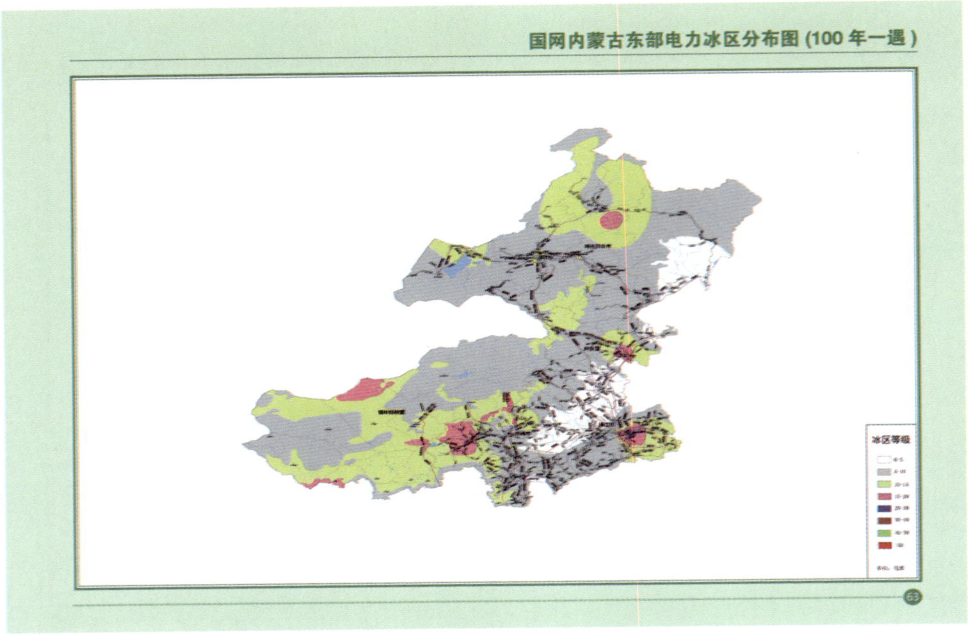

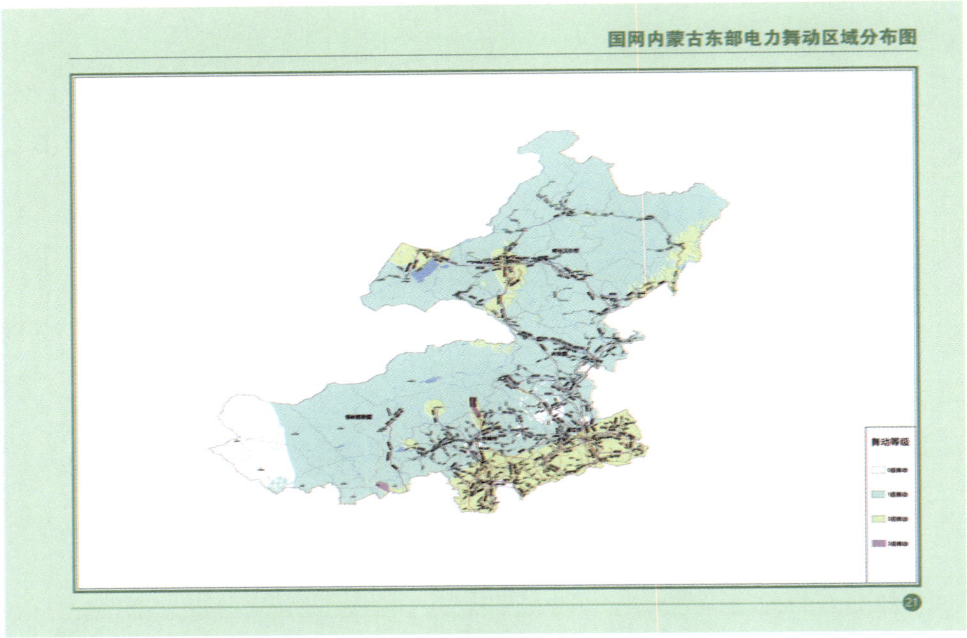

图5-3　冰区分布图和舞动区分布示意图（二）

5.2.4.2　调整弧垂。对易发生脱冰跳跃线路，采取适当放松导地线的方式，减小覆冰时导地线弹性形变产生的幅值，降低导线相间放电的可能，但应注意导地线对地及跨越物距离满足最大覆冰条件时的要求。

5.2.4.3　线路融冰。当线路覆冰时，通过人工、无人机及在线监测装置对导地线覆冰实时监测。对冰情信息及时上报，当导线覆冰厚度达到融冰标准时，采用直流融冰、交流融冰或人工除冰的方式进行除冰。

5.2.4.4　在覆冰线路区段应将线夹更换为预绞式线夹以达到防止或减少振动的危害。

5.2.4.5　在覆冰线路区段耐张杆塔的楔形线夹改为液压线夹。

5.2.4.6　安装防舞装置。治理覆冰舞动的主要措施是加装防舞装置。防舞装置主要包括相间间隔棒、线夹回旋式间隔棒、双摆防舞器等。

5.2.4.7　使用导线防冰涂料。导线涂料具有超强防水效果，当雨水、湿雪接触涂料表面时，会因涂料的憎水性和防冰作用而迅速滑落，从而防止涂层表面结冰。

5.2.4.8　线路发生冻害时，冻害区域内导地线更换为加强型导地线，将 ADSS 光缆更换为 OPGW 光缆，接续管预绞丝进行补强。

5.2.5　金具类隐患治理措施

5.2.5.1　通过导线及金具在线监测装置掌握冻害区域的环境与导线及金具运行情况，提高输电线路的危害辨识。

5.2.5.2　对发生导地线覆冰或导线脱冰跳跃区段的金具进行取样检测，结合金具标称破坏载荷检测数据，调整金具的强度和等级。

5.2.5.3　倒挂耐张线夹出现冻胀形变或裂纹时，对其进行重新压接并打渗水孔，见图 5-4。

图 5-4　压接管不压区打渗水口

5.2.5.4　及时对腐蚀、锈蚀的金具进行检测，对达不到运行标准的及时进行更换。

5.2.5.5　对磨损严重达不到运行标准的金具及时进行更换。

5.2.5.6　对承重金具发生裂纹的线路，要结合现场微气象条件及环境，及时安排停电进行登杆塔普查。根据检查情况适当更换薄弱的金具，重点是特殊及冻害区域的线路。

5.2.5.7　输电线路发生舞动之后，需要重点对大高差、大跨越等地区的线路连接金具及其部件进行检查。

5.2.5.8　加强老旧线路的金具检查，特别是划为重要线路的老旧线路对受力大的重要铸造金具进行更换。

5.2.6　绝缘子类隐患治理措施

5.2.6.1　在线监测装置预警时，应加强冻害区域巡视次数，掌握冻害区域绝缘子运行状态及冻害发展情况，并做好观测记录。严重时在确保人身及设备安全前提下，开展人工除雪除冰。

5.2.6.2　根据绝缘子盐（灰）密检测结果，在冻害季节来临前对污秽度较高的绝缘子及时进行清扫。

5.2.6.3　增加绝缘子机械强度。如冻害区绝缘子机械强度不能满足或接近荷载最大值时，应整串改用较大吨位的绝缘子。特别是地势起伏高差大区域，耐张绝缘子串和架空线悬挂点的最大张力不应大于耐张绝缘子串的允许荷载，否则需要增加耐张串联数或改用较大吨位的绝缘子，或者放松该耐张段的架空线以降低张力。

5.2.6.4　采用增加绝缘配置进行线路改造，增加绝缘子串长度，有效提高绝缘子串的抗冰闪性能，对防雷、防鸟害能力也有相应提高，同时应注意以下几方面的内容。

（1）绝缘子串长度的增加应重新校核风偏角是否满足间隙要求，避免造成风偏事故隐患。

（2）增加绝缘子片数后导线弧垂的变化是否满足对跨越物的安全距离。

（3）水平排列导线进行线间距离校核，避免引起相间闪络。

（4）当发生脱冰跳跃时，在纵向不平衡张力的作用下，绝缘子串的纵向摆动和偏移，会增大导线的跳跃高度。

（5）优化绝缘子串布置方式：

1）采用插花式绝缘子串：根据直线悬式瓷绝缘子串的长度适当更换相应数量的大盘径绝缘子，阻断整串绝缘子冰凌的桥接通路。

2）采用 V 型串：V 型串本身因悬挂方式不同有着绝缘子积污较少，冰凌不容易桥接伞间空隙等特点，因此采用 V 型串可达到降低绝缘子冻害故障的目的。

3）采用倒 V 型串：倒 V 串继承了 V 型串本身具有的优点，将 V 型结构布置在顺线路方向，倒 V 型串在应用时要有足够的偏移裕量，在不均匀覆冰荷载作用下可以通过偏移转移荷载。倒 V 型串的连接金具应具有足够的强度，否则其中一联绝缘子断裂后会造成风偏闪络。在山地输电线路应用倒 V 型串须进行校核计算。

4）防冰 RTV 涂料：一般采取半导电防冰涂料，具有优良的憎水性及憎水迁移性，还具有均匀电场的效果。一般在绝缘子安装前预涂刷防冰涂料，可有效解决现场二次涂刷引起的性能不稳定现象。

第 6 章　输电线路冻害应急处置

6.1 故障查找与分析判定

6.1.1 故障查找前准备

6.1.1.1 技术准备

不同种类冻害随着其发展过程对输电线路有着不同程度的影响，在发展初期，给输电线路带来影响安全稳定运行的隐患，随着时间的推移，隐患逐渐扩大，对输电线路的安全运行带来了严重的威胁。事故发生后，运检单位应严格按照《输电线路故障调查分析工作规范》，认真开展输电线路冰害故障调查分析工作；遵循“四不放过”原则，无论跳闸是否重合成功，均应组织故障巡视。为快速、有效查找故障点，应初步分析故障原因和区域，做到故障查找有的放矢。

（1）故障录波图的信息分析。故障录波图信息能在一定程度上反映出故障的性质，通过故障录波判断分析线路发生故障，保护装置动作后断开断路器，切除线路故障，故障电流消失，母线电压恢复正常。若保护装置重合闸动作后，重合成功，此时判断，该线路为瞬时故障；若保护装置重合闸动作后，继续产生故障电流，母线电压也随之发生变化，保护装置加速动作后断开断路器，母线电压恢复正常。重合断路器后，该线路继续产生故障电流，母线电压随之变化，保护装置动作断开断路器切除故障，此时判断该线路为永久故障。

（2）故障点的初步估算。根据两端变电站提供的故障测距值，估算出对应的故障杆塔位置，通常以两侧故障测距值中心点对应的杆塔为故障查找区域的中心位置。

（3）故障原因的初步判断。通过故障录波分析出故障性质（金属接地或高阻接地），并结合现场情况排除其他故障原因。

6.1.1.2　人员准备

查找故障前，应向所有参加故障查找的人员详细交代故障数据、初步分析结果、巡视重点及安全注意事项，并确认所有人员知晓。

6.1.1.3　工具准备

故障查找应准备必要的工器具，如静电服、安全带、脚扣、望远镜、照相机、测距仪、通信器材、GPS 定位仪等。

6.1.2　故障查找

线路故障查找应严格执行《国家电网公司电力安全工作规程（线路部分）》等有关规定。故障发生后，设备运维单位应根据前期故障测距区域及初步分析结果，及时组织专业人员赶赴现场进行故障点查找。故障查找应逐基杆塔、逐相导线进行，特别对故障相进行全面细致检查，并充分了解故障区段是否发现异常现象或听到异常声响等。

在故障点找到后，应收集以下信息：

（1）现场照片。包含接地故障原因照片、线路通道照片、杆塔所处地形照片、杆塔运行编号照片和相邻杆塔等相关照片，拍摄照片必须角度合理、画质清晰。

（2）气象信息。搜集故障时段，现场的天气情况、温湿度、风速风向等信息。

（3）现场信息。可从现场收集脱落的冰样，判断导地线覆冰的类型和厚度。

（4）其他必要的补充信息。包括土质类型、交叉跨越、树木、建筑物、临时障碍物、沿线施工情况以及故障区段平断面图等；发现与故障有关的物件和可疑物时，应收集起来进行拍照，以作为故障分析的依据。

6.1.3 故障判定

线路故障点初步确认后，设备运维单位应根据故障相别、保护测距、重合闸动作情况、故障录波图、气象条件、在线监测等相关数据综合分析，排除其他可能发生的故障原因，通过综合分析确定故障点及故障性质后，应详细阐述故障发生机理及过程，深入分析导致故障发生的原因，并根据分析结论提出针对性治理改造建议。

6.2 应急预案启动

6.2.1 事故抢修程序

6.2.1.1 事故抢修前期准备

（1）抢修人员准备。运维单位集结本单位应急抢险队伍及联系外聘施工队伍做好应急抢修准备，现场抢修总指挥部署分工，其他人员各司其职迅速投入抢修工作。

（2）物资供应。调阅事故区段设备有关图纸，清点应急物资备品备件，联系有关设计部门和相关材料生产厂家做好技术支持及设备供应准备，必要时向上级申请应急管理部门协调物资调配。

（3）采取临时应急措施。在条件允许的情况下，运维单位应在第一时间对线路采取相关应急措施，减少对外界的影响，防止线路故障进一步扩大。

（4）经过现场勘查后，判断本单位是否具备抢修能力，对本单位具备抢修条件的，本单位应急处置人员根据相关信息查阅技术资料，编制材料、工机具需求计划和应急抢修三措。根据应急预案确定具体实施方案，同时办理事故应急抢修单，组织抢修人员现场进行安全技术交底。

6.2.1.2　事故抢修实施

（1）运维单位提前做好现场抢修工作的后勤保障、对外协调和舆情处置等工作。保障抢修材料、工器具等物资运输通道的畅通，并做好抢修供电、地方关系协调等工作，确保抢修队伍、工器具、材料物资等进场顺利，保障抢修工作迅速实施。

（2）运维单位或援助单位应根据相应的抢修方案组织现场实施，落实安全和技术措施，抢修结束后，组织人员对抢修线路进行验收，验收合格后申请恢复送电，同时进行后期跟踪监视。

6.2.1.3　事故抢修资料收集

（1）做好抢修记录，编写并报送相关总结报告，存档备查。

（2）做好事故原因分析和预设，提出并落实改进措施，提高线路防灾害水平；总结抢修经验，提高应急处置能力。

6.3 应 急 处 置

6.3.1 融冰、除冰方案

6.3.1.1 线路融冰方案

输电线路出现覆冰、覆雪情况时，现场巡视人员观察和测量现场导地线覆冰情况、天气情况以及杆塔各部件，严格按照要求准确记录冰情观测数据并及时上报，以供确定最优融冰方案。

（1） 融除冰策略及原则。

1）实施策略。按照轻度、中度、重度、严重、特别严重五种覆冰等级分别开展融除冰实施策略，见表 6－1。

表 6－1 融除冰实施策略（参考）

覆冰等级	融除冰实施策略
轻度覆冰 （0～3 天）	1. 微地形微气象区覆冰超过融冰冰厚 80%的主网线路，需实施交直流融冰，其他主网线路可等待自然融冰。 2. 及时开展输电线路防舞动特巡，根据舞动情况采取转移负荷、交直流融冰等针对性措施

续表

覆冰等级	融除冰实施策略
中度覆冰（3～7 天）	1. 干弧距离不够的 500kV 线路视情况开展绝缘子人工除冰。 2. 主网线路做好交直流融冰准备，根据线路覆冰程度、发展趋势及电网情况，按“先直流后交流，先低压交流后高压交流”的原则，开展线路融冰工作。当严重覆冰线路条数较多，现有融冰手段无法满足全部融冰需求时，按照线路排序，优先对重要线路实施融冰
重度覆冰（7～10 天）	1. 对干弧距离不够的 500kV 线路，开展绝缘子人工除冰。 2. 按“先直流后交流，先低压交流后高压交流”的原则，及时开展重要线路的融冰工作，含 500kV 骨干网架、220kV 骨干网架、地区间联络线、县城间联络线以及电铁、高铁等重要用户和中心城镇的供电线路。 3. 如出现主网线路倒塔（杆）断线，立即启动电网抢修、重建工作，快速恢复电网供电。恢复过程中，优先恢复本策略提出的重要线路。对于冰灾受损严重的地区，提前做好黑启动准备工作
严重覆冰（10～14 天）	1. 对干弧距离不够的 500kV 线路，开展绝缘子人工除冰。 2. 及时开展重要线路的融冰工作，含 500kV 骨干网架、220kV 骨干网架、地区间联络线、县城间联络线以及电铁、高铁供电线路。线路融冰按尽量不扩大停电范围为原则，优先选择直流融冰、低压交流融冰，尽量不采用高压交流融冰。 3. 开展倒塔（杆）断线输电线路抢修、抢建工作，快速恢复电网供电。恢复过程中，优先恢复本策略提出的重要线路。对于冰灾受损严重的地区，提前做好黑启动准备工作
特别严重覆冰（14 天以上）	1. 按照“骨干网架基本完整、地级城市不全停”的目标，开展相关输变电设备抢修抢建、人工除冰和融冰工作。线路融冰按尽量不扩大停电范围为原则，优先选择直流融冰、低压交流融冰，尽量不采用高压交流融冰。 2. 电网运行按照 220kV 网络分片平衡负荷，并留足旋转备用，防止解列后地区电网崩溃。 3. 全停地区电网开展黑启动工作

2）融除冰原则。线路优先采用融冰，必要时，在确保安全情况下可考虑人工除冰。

3）融冰方式。线路优先选择直流融冰。当覆冰厚度超过设计覆冰厚度，考虑覆冰的增长，应避免使用直流融冰，防止铁塔因不平衡张力而破坏，尽可能采用交流融冰。

（2）融冰实施。

1）融冰申请。运检单位根据现场覆冰情况，向主管部门和调控中心提出融冰申请。申请批复后，负责融冰接线、融冰监测和信息报送等工作。

2）融冰启动。线路覆冰厚度达到或超过融冰厚度，见表6-2，且气象预报后续一段时间内覆冰会继续增长。

表6-2　融冰启动的覆冰厚度规定值

设计覆冰厚度（mm）	融冰厚度（mm）	
	交流融冰	直流融冰
15	12	10
20	16	15
25	20	18

注　1. 对于其他设计覆冰厚度，融冰厚度可按设计覆冰厚度的70%取值。
2. 当输电线路覆冰厚度达到或超过设计覆冰厚度的90%时，宜采用交流融冰。如采用直流融冰，应防止融冰产生的不平衡张力造成输电线路倒塔、断线。

3）融冰终止。当出现下列情况之一，应终止融冰。

a. 融冰过程中输电线路覆冰已脱落。

b. 导线某处升温异常，温度超过表6-3的值。

c. 融冰回路中某个或多个设备温度超过允许范围。

d. 融冰装置发生过热、燃烧、放电等异常现象或出现报警。

表6-3　导线终止融冰的温度规定值

导线类型	温度（℃）
钢芯铝绞线	70
钢芯铝合金绞线	70
钢芯铝包钢绞线	80
铝包钢绞线	80

续表

导线类型	温度（℃）
镀锌钢绞线	125
接头、线夹等连接处	90

4）融冰实施。

a. 直流融冰。运检单位根据现场覆冰情况，向主管部门和调控中心提出直流融冰申请，按融冰流程执行融冰，500kV 线路融冰调度流程见图 6–1，移动式与固定式直流融冰实施流程见图 6–2 和图 6–3，移动式直流融冰装置现场融冰实施，见图 6–4。

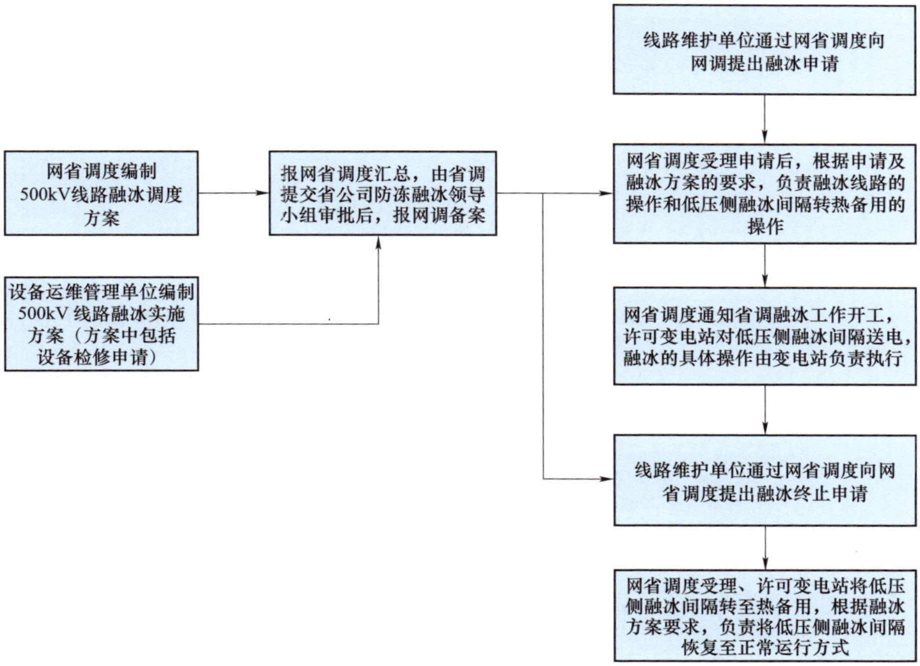

图 6–1　500kV 线路融冰调度流程（示例）

融冰申请

220kV线路为网省调度管辖设备，由线路维护单位通过地方调度向网省调度提出融冰申请。

移动式直流融冰装置接入

1. 网省调度向地方调度借 10kV 融冰间隔及 110kV 母线设备调度权前，要求地调做好移动式直流融冰装置接入 10kV 融冰间隔及 110kV 母线工作，移动式直流融冰装置做好第一轮直流融冰准备，10kV 融冰间隔及 110kV 母线冷备用状态满足融冰条件。

2. 地方调度按照现场运行人员要求，将 10kV 融冰间隔及 T0KV 线转检修状态，通知现场运行人员“移动式直流融冰装置接入工作可以开工”。

3. 地方调度在得到现场运行人员“移动式直流融冰装置接入工作检修竣工，10kV融冰间隔及110kV 母线具备复电条件”汇报后，将10kV融冰间隔及110kV 母线转冷备用状态。

4. 地方调度按照现场运行人员要求，通知现场运行人员“移动式直流融冰装置对10kV融冰间隔传动试验可以开工”。

5. 地方调度在得到现场运行人员“移动式直流融冰装置对10kV融冰间隔传动试验工作检修竣工，10kV融冰间隔及110kV母线具备复电条件”汇报后，核对“移动式直流融冰装置已做好第一轮直流融冰准备”，将10kV 融冰间隔及110kV母线设备调度权借给网省调度。

220kV线路融冰

1. 网省调度进行 220kV 线路直流融冰通道联通操作，将 220kV 线路转检修状态通知短路侧安装好融冰临时短接线（或转冷备用状态合上融冰短路隔离开关），220kV 线路恢复冷备用状态。
2. 网省调度通知现场运行人员“将 10kV 融冰间隔保护按照融冰保护定值调好投入，其余保护退出”。
3. 网省调度通知现场运行人员将 220kV 母线、110kV 母线融冰隔离开关合上，将 10kV 融冰间隔转热备用状态。

4. 网省调度通知现场运行人员合上 10kV 融冰断路器，送第一轮直流融冰电源。
5. 网省调度在得到现场运行人员“220kV 线路 X 相（或 X、X 相）直流融冰电流已送上”汇报后，通知线路维护单位“220kV 线路 X 相（或 X、X 相）直流融冰电流已送上，加强监视”。
6. 网省调度在得到线路维护单位“220kV 线路 X 相（或 X、X 相）覆冰已融化，申请停止 X 相（或 X、X 相）融冰”汇报后，通知现场运行人员“停止 220kV 线路 X 相（或 X、X 相）直流融冰，拉开 10kV 融冰断路器”，并得到现场运行人员的汇报。

7. 网省调度在得到现场运行人员“移动式直流融冰装置换相工作，申请 10kV 融冰间隔转热备用状态”工作申请后，将 10kV 融冰间隔转热备用，通知现场运行人员“移动式直流融冰装置换相工作可以开工”。
8. 网省调度在得到现场运行人员“移动式直流融冰装置换相工作竣工，10kV 融冰间隔具备复电条件”汇报后，重复以上第 4 ～ 6 项。

9. 220kV 线路融冰结束，网省调度通知现场运行人员将 220kV 母线、110kV 母线融冰隔离开关拉开，将 10kV 融冰间隔及 110kV 母线转冷备用状态，保护退出。
10. 网省调度 220kV 线路转检修状态通知短路侧拆除融冰临时短接线（或拉开融冰短路隔离开关）；将 220kV 线路恢复转运行，将“10kV 融冰间隔及 110kV 母线冷备用调度权归还地调”。

移动式直流融冰装置接入

1. 地方调度按照现场运行人员要求，将 10kV 融冰间隔及 110kV 母线转检修状态，通知现场运行人员“移动式直流融冰装置拆除工作可以开工”。

2. 地方调度在得到现场运行人员“移动式直流融冰装置拆除工作检修竣工，10kV融冰间隔及110kV 母线具备复电条件”汇报后，将10kV融冰间隔及110kV 母线转冷备用状态。

图 6－2　220kV 线路移动式直流融冰流程（示例）

融冰申请

220kV线路为网省调度管辖设备，由线路维护单位通过地方调度向网省调度提出融冰申请。

220kV线路融冰

1. 网省调度要求地方调度做好直流融冰装置第一轮直流融冰准备，10kV 融冰间隔及 110kV 母线冷备用状态满足融冰条件。网省调度向地方调度借得 10kV 融冰间隔及 110kV 母线设备调度权。

2. 网省调度进行 220kV 线路直流融冰通道联通探作，将 220kV 线路转检修状态通知短路侧要装好融冰临时短接线（或转冷备用状态合上融冰短路隔离开关），220kV 线路恢复冷备用状态。
3. 网省调度通知现场运行人员“将 10kV 融冰间隔保护按照融冰保护定值调好投入，其余保护退出”。
4. 网省调度通知现场运行人员将 220kV 母线、110kV 母线融冰隔离开关合上，将 10kV 融冰间隔转热备用状态。

5. 网省调度通知现场运行人员合上 10kV 融冰断路器，送第一轮直流融冰电源。
6. 网省调度在得到现场运行人员“220kV 线路 X 相（或 X、X 相）直流融冰电流已送上”汇报后，通知线路维护单位“220kV 线路 X 相（或 X、X 相）直流融冰电流已送上，加强监视”。
7. 网省调度在得到线路维护单位“220kV 线路 X 相（或 X、X 相）覆冰已融化，申请停止 X 相（或 X、X 相）融冰”汇报后，通知现场运行人员“停止 220kV 线路 X 相（或 X、X 相）直流融冰，拉开 10kV 融冰断路器”，并得到现场运行人员的汇报。

8. 网省调度在得到现场运行人员“直流融冰装置换相工作，申请 10kV 融冰间隔转热备用状态”工作申请后，将 10kV 融冰间隔转热备用，通知现场运行人员“固定式直流融冰装置换相工作可以开工”。
9. 网省调度在得到现场运行人员“直流融冰装置换相工作竣工，10kV 融冰间隔具备复电条件”汇报后，重复以上第 5～7 项。

10. 220kV 线路融冰结束，网省调度通知现场运行人员将 220kV 母线、110kV 母线融冰隔离开关拉开，将 10kV 融冰间隔及 110kV 母线转冷备用状态，保护退出。
11. 网省调度 220kV 线路转检修状态通知短路侧拆除融冰临时短接线（或拉开融冰短路隔离开关）；将 220kV 线路恢复转运行，将“10kV 融冰间隔及 110kV 母线冷备用调度权归还地调”。

图 6－3　220kV 线路固定式直流融冰流程（示例）

融冰申请	500kV 线路为网省调度管辖设备，由线路维护单位通过网省调度向网省调度提出融冰申请。
移动式直流融冰装置接入	1. 网省调度根据现场运行人员要求，向网省调度申请"直流融冰装置接入及融冰短接线的安装工作，要求 500kV 融冰线路转检修"，网省调度负责 500kV 融冰线路的指挥操作。
	2. 网省调度接到网省调度通知"500kV 融冰线路已转检修，直流融冰装置接入及融冰短接线的安装工作可以开工"后，通知融冰电源变电站运行人员"直流融冰装置接入工作可以开工"，通知短路侧变电站运行人员（或对于线路中间短接的融冰方案则通知线路维护单位）"融冰短接线的安装工作可以开工"。
	3. 网省调度得到融冰电源变电站运行人员"直流融冰装置接入工作竣工，500kV 融冰线路具备复电条件"汇报及短路侧变电站运行人员（或对于线路中间短接的融冰方案则为线路维护单位）"融冰短接线的安装工作竣工，500kV 融冰线路具备复电条件"汇报后，核实"直流融冰装置已做好第一轮直流融冰准备"，向网省调度汇报"直流融冰装置接入及融冰短接线的安装工作竣工，500kV 融冰线路具备复电条件"。
500kV线路融冰	1. 网省调度向网省调度申请"500kV 线路直流融冰工作开工"。网省调度根据 500kV 线路融冰方案进行 500kV 线路直流融冰通道联通指挥操作。在将融冰线路的操作和低压侧融冰间隔转热备用的操作完成后许可网省调度"500kV 线路直流融冰工作开工"。
	2. 网省调度在通知融冰电源变电站运行人员"500kV 线路直流融冰工作开工"后，由融冰电源变电站运行人员向网省调度申请 35kV 融冰间隔对 500kV 融冰线路送融冰电源，送电后向网省调度汇报。
	3. 网省调度在得到网省调度通知融冰电源已送上，和融冰电源变电站运行人员"500kV 线路 X 相（X、X 相）直流融冰电流已送上"汇报后，通知线路维护单位"500kV 线路 X 相（X、X 相）直流融冰电流已送上，加强监视"。
	4. 网省调度在得到线路维护单位"500kV 线路 X 相（X、X 相）覆冰已融化，申请停止 X 相（X、X 相）融冰，开始 X 相（X、X 相）融冰"汇报后，与融冰电源变电站运行人员核实直流融冰装置换相融冰工作要求（对网省调度管辖设备没有要求），通知融冰电源变电站运行人员"直流融冰装置换相融冰工作开工"。
	5. 网省调度在得到融冰电源变电站运行人员"直流融冰装置换相工作竣工，500kV 线路 X 相（X、X 相）直流融冰电流已送上"汇报后，通知线路维护单位"500kV 线路 X 相（X、X 相）直流融冰电流已送上，加强监视"。
	6. 网省调度在得到线路维护单位"500kV 线路覆冰已融化，融冰工作竣工"汇报后，同对网省调度申请停止融冰。网省调度通知融冰电源变电站运行人员"500kV 线路融冰结束，停止对融冰线路送电"。
直流融冰装置及融冰短接线的拆除	1. 网省调度根据现场运行人员要求，向网省调度申请"500kV 线路融冰结束，申请 500kV 融冰线路转检修进行直流融冰装置及融冰短接线的拆除工作"。网省调度负责 500kV 融冰线路的指挥操作。
	2. 网省调度在接到网省调度"500kV 融冰线路已转检修，直流融冰装置及融冰短接线的拆除工作可以开工"通知后，通知融冰电源点变电站"500kV 融冰线路已转检修，直流融冰装置拆除工作可以开工"，通知短路侧变电站运行人员（或对于线路中间短接的融冰方案则通知线路维护单位）"融冰短接线的拆除工作可以开工"。 3. 网省调度得到融冰电源变电站运行人员"直流融冰装置拆除工作竣工，500kV 融冰线路具备复电条件"汇报及短路侧变电站运行人员（或对于线路中间短接的融冰方案则通知线路维护单位）"融冰短接线的拆除工作竣工，500kV 融冰线路具备复电条件"汇报后，向网省调度汇报"直流融冰装置接入及融冰短接线的拆除工作竣工，500kV 融冰线路具备复电条件"。
	4. 网省调度负责操作 500kV 线路转运行，其余设备恢复正常方式。

图 6-4　500kV 线路固定式直流融冰流程（示例）

b. 交流融冰。运检单位根据现场覆冰情况，向主管部门和调控中心提出交流融冰申请，按融冰流程执行融冰，220kV 线路交流融冰流程，见图 6-5。

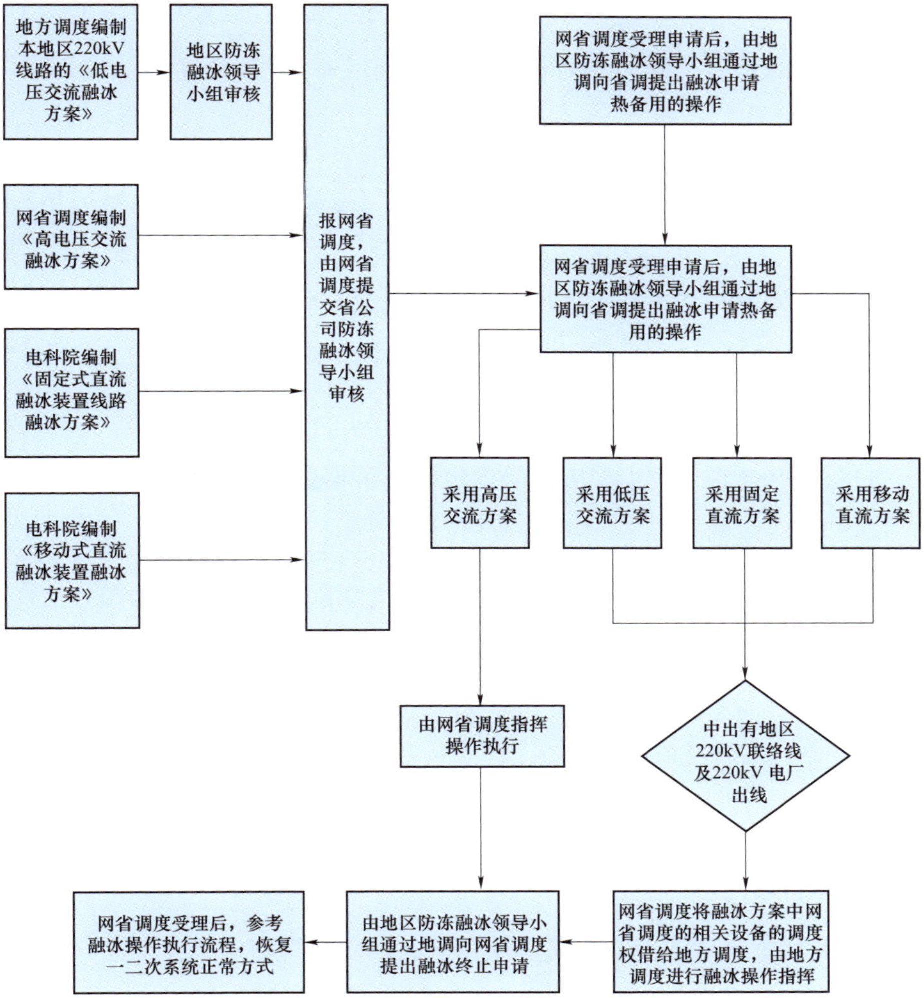

图 6-5　某省公司 220kV 线路融冰流程（示例）

c. 负荷融冰。在具备条件的情况下，可根据电网运行方式，调整输电线路的负荷进行融冰。

5）融冰观测。在线路融冰过程中，运检单位组织人员在融冰装置、交叉跨越等处分别测温、测距工作，观测线路冰情融化过程、融冰对线下住户及周边环境造成的影响等。

6）线路恢复。在线路融冰完成，恢复清理现场，并办理终结融冰工作票后，变电站运行人员开始融冰线路送电前准备工作，最后联系调度部门恢复线路送电。

6.3.1.2 线路除冰方案

（1）除冰策略。线路覆冰出现下列情况之一时，可组织人工除冰作业：

1）导地线覆冰厚度大于设计覆冰厚度而小于验算覆冰厚度。

2）绝缘子串伞裙被冰凌桥接，可能或已经导致线路跳闸。

3）线路停电除冰时，相应间隔变电设备可根据需要同步开展人工除冰。

（2）除冰原则。

1）线路杆塔、绝缘子及变电站构架的人工除冰宜采用外力敲打法。

2）35kV 及以上线路导地线的人工除冰可采用滑轮辗压铲刮法、地面链球击打法、地面鞭击振动法。

（3）人工除冰。

1）线路杆塔、绝缘子串除冰人员应具备高空作业的能力和经验，身体和精神状态良好。

2）人工除冰作业人员着装应满足防冻、防滑等要求。

3）人工除冰作业前应认真核对设备名称和编号，检查杆塔拉线、杆根和铁塔基础。

4）高处作业时必须系安全带，使用双保险，移动时不能失去后备保护。

人员在攀登、除冰过程中，保险绳应挂在牢固的构件上，严禁低挂高用。

5）人工除冰高处连续作业不宜超过 2h。

6）每个作业点必须设专人监护。监护人员严禁站在杆塔和导线正下方，防止被落冰砸伤。

7）除冰过程中出现下列情况之一，应立即停止除冰。

a. 被除冰杆塔或其邻近直线杆塔绝缘子串严重倾斜；

b. 杆塔主构件变形超标或出现明显裂纹且有继续恶化的趋势；

c. 导地线舞动；

d. 导线覆冰厚度超过验算覆冰厚度。

6.3.2　事故抢修方案

6.3.2.1　掉（断）串事故抢修施工方案

在接到线路转检修后，进行抢修工作。在做好安全措施后，对断串相的导（地）线进行修补处理，利用断串相的横担为吊点，更换绝缘子（金具），借助机动绞磨将导（地）线恢复到横担上，见图 6-6。

（1）杆塔检查。作业人员对杆塔基础、塔身进行检查，查看是否存在因冰害引起的杆塔基础损坏、杆塔塔身倾斜、扭转等情况，如有损伤或损坏的，及时开展现场风险评估，按照运规规定进行处理，再开展后续抢修工作。

（2）登塔。作业人员分别携带传递绳、滑车和钢丝绳头登塔，到达横担后，做好塔上人员安全防护措施，前后相邻两基杆塔应打好反向临时拉线。在掉（断）串相合适位置安装滑车，对并联未掉串的绝缘子、金具、导线进行逐项检查，对出现裂纹或损伤绝缘子、金具及时进行更换，并对受损导线按运规规定进行处理，同时做好导线双保险措施。

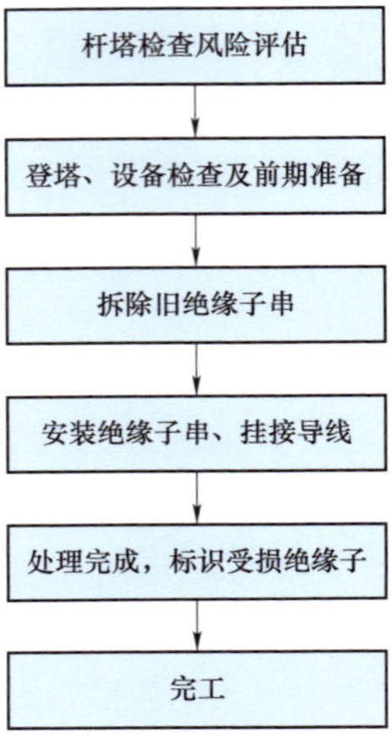

图 6–6　施工流程图

（3）拆除旧绝缘子。将横担侧或导线侧遗留的绝缘子或金具进行拆除。

（4）安装绝缘子串。地面作业人员按照图纸重新将绝缘子、金具组装完好，并使用机动绞磨将绝缘子串传递至塔上，配合塔上人员将绝缘子串安装在横担上。

（5）安装导线。地面人员通过设置在杆塔上的转向滑车，利用机动绞磨，将导线拉近绝缘子挂点处，塔上人员使用紧线器收紧导线，让靠近绝缘子挂点处的导线不承受张力，将导线安装在绝缘子串末端金具上。

（6）标识。将标签对应参数卡标示到更换下来的绝缘子串或金具上，用于事故分析研究。

（7）工作结束。确认塔上无任何遗留物，作业人员沿脚钉腿下塔，工作结束。

6.3.2.2　断线抢修施工方案简要介绍

确认线路转检修后，进行抢修工作。先做好安全措施，对断线相两端耐张塔安装临时拉线，并对断点处导线进行临锚，中间直线塔挂入滑车，将旧导线放入滑车内，从耐张段一侧放松旧导线至地面，利用旧线带新线展放新导线，经紧线、挂线后进行附件安装。由于施工过程较为复杂，且多为应急单位承担，在此作简要介绍，见图 6–7。

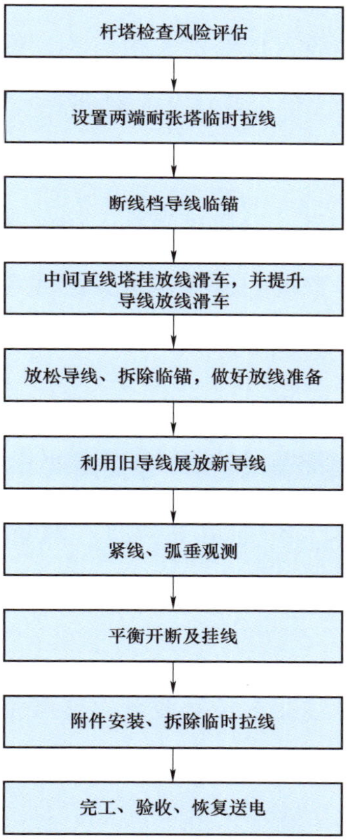

图 6–7　施工流程图

（1）杆塔检查。作业人员对杆塔基础、塔身、绝缘子串进行检查，查看是否存在因冰害引起的杆塔基础损坏、杆塔塔身倾斜、扭转、绝缘子串损坏、变形等情况，如有损伤或损坏的，及时开展现场风险评估，按照运规规定进行处理，再开展后续抢修工作。

（2）设置临时拉线。做好相关安全措施后，对前后耐张塔安装临时拉线，钢丝绳一端使用卸扣固定横担上，另一端利用双钩固定在地面的地锚上。

（3）断线档导线临锚。将断线档断点处导线分别进行锚固。

（4）中间直线塔挂放线滑车。将放线滑车挂在直线塔和直线转角塔悬垂绝缘子下。

（5）中间直线塔导线放入放线滑车内。利用提线器提升导线，拆除悬垂线夹、拆除导线防振锤，将导线放入放线滑车。

（6）从耐张塔松导线。作业人员沿绝缘子串进入导线侧，使用 U 型环将钢丝绳挂在调整板上，另一端通过滑车、码线器固定在导线上，收紧钢丝绳、断开直角挂板与调整板的连接，拆开跳线引流线夹，使用机动绞磨缓慢松下导线，并拆除断点处临锚。

（7）旧线带新线展放新导线。在张力场侧耐张塔侧使用机动绞磨将导线放至地面；在牵引场展放新导线，并在耐张塔处压接耐张线夹、安装防振锤后，将新导线挂上，在展放导线时，发现有断股、破股、磨损或出现金钩等现象时，应立即停止展放并检查鉴定，如需处理，应绑上红布条。

（8）紧线。每相子导线通过绞磨收紧，导线受力后，停止牵引，拆除放线时的线端临锚，再继续收紧。当导线弛度接近观测值时停止牵引，使导线稳定一段时间，然后再慢速牵引子导线，使其达到设计弛度。

（9）平衡开断及挂线。耐张塔两侧弧垂观测完毕，且过轮临锚已安装完毕后，即可在耐张塔上进行划印、临锚。

（10）空中临锚收紧使卡线器之间的导线松弛，对导线进行开断，并在高空进行压接耐张线夹，将耐张线夹安装在横担挂点处。挂线完毕后即松去空中临锚并回收所有工器具。

（11）附件安装。拆除导线滑车，安装悬垂线夹、均压环、间隔棒和防振锤等附件、安装引流跳线。

（12）拆除临时拉线。拆除横担上固定钢丝绳的卸扣，地面辅助作业人员拆除固定钢丝绳的双钩、地锚。

（13）会同有关人员共同验收，办理工作终结，申请恢复送电。

6.3.2.3　倒塔抢修施工方案简要介绍

在接到线路转检修后，进行抢修工作。先做好安全措施，然后对倒塔两端的杆塔、导、地线等进行保护，拆除连接在倒塔上的导、地线及金具等；用准备好的抢修塔进行组立，安装完毕后将导、地线恢复到抢修塔上，见图 6–8。

（1）对导地线进行保护。对损坏铁塔拆除及新塔组立范围内影响导线的地方采用包橡胶管及铺盖木板保护。

（2）设置临时拉线。在倒塔前后杆塔设置临时拉线，钢丝绳一端使用码线器固定在导地线上，一端利用双钩固定在地面的地锚上。

（3）拆除未脱落的导地线。利用转向滑车和机动绞磨将连接在倒塔上的导地线及金具进行拆除连接。

（4）对导地线进行修补。按照运规规定对损伤的导线进行修补，受损特别严重的应考虑局部换线。

（5）抢修塔组立。采用悬浮抱杆或者采用立塔机进行组立。

（6）将导地线恢复到抢修塔上，进行附件安装，拆除临时拉线。

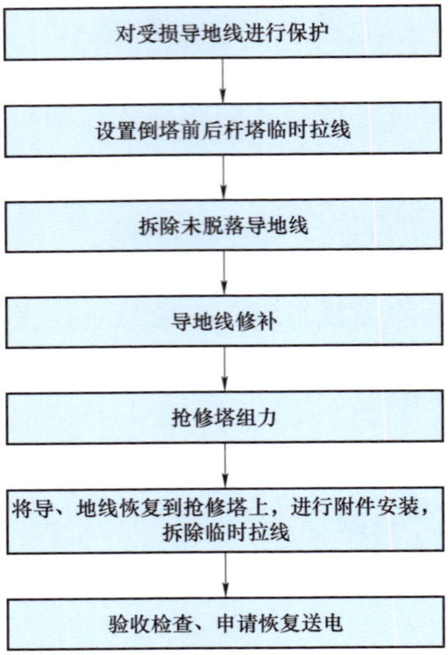

图 6-8　施工流程图

（7）验收检查完成后，恢复送电。后续应尽快用常规塔替换抢修塔、对原损伤的杆塔进行处理。这里分为两种情况：一种是原杆塔基础能够满足继续运行的条件，此时只需对原杆塔基础进行加固处理；另一种情况是原杆塔基础不能够继续使用，此时还需要在原有杆塔附近重新进行定位分坑，浇制基础。

6.4　后　期　处　置

6.4.1　恢复生产

（1）贯彻“考虑全局、突出重点”原则，对善后处理、恢复重建工作进行规划和部署，制订抢修恢复方案。

（2）认真开展设备隐患排查和治理工作，避免次生事故的发生，确保电网安全稳定运行。

（3）加快抢修恢复速度，提高抢修恢复质量，尽快恢复正常生产秩序。

6.4.2　事故调查

公司组织生产、调度、设计、科研等部门调查收集灾情详细资料，研究灾害事故发生的原因，分析灾害事故发展过程，汲取教训，优化和提高建设标准，提出具体抗灾减灾对策、措施及加强电网运行维护的工作建议。对事故调查按照国家电网公司《电力生产事故调查规程》进行。

6.4.3　总结及改进

冻害事件应急结束后，由冻害处置领导小组办公室组织对本预案和应急救援处置过程进行全面地总结、评估，找出不足并明确改进方向，及时对应急预案的不足之处予以修订。

6.4.4　奖惩

对在灾害事故处置过程中做出突出贡献的单位和人员，应给予表彰和奖励。在突发事故处置过程中工作不力，造成恶劣影响或严重后果的单位和个人，应按照有关规定追究其责任。

6.4.5 预案管理

预案应定期修订，原则上每三年至少修订一次。当出现以下情况之一时，应及时开展预案修订工作：

（1）国家相关法律法规发生变化。

（2）发生重大机构调整。

（3）通过演练和实际应急处置中取得的启发性经验。

（4）有关政府部门或电力监督机构提出修订要求。

（5）应急领导小组提出修订要求的。

第 7 章　输电线路冻害典型案例

本章从输电线路冻害基本情况、原因分析、治理措施等方面，介绍了杆塔基础冻胀塔材断裂、基础融沉、基础冻裂、接地装置拉断、导（地）线舞动、覆冰过载、耐张线夹冻胀等案例情况。

7.1 基础冻胀主材断裂

7.1.1 基本情况

某年01月，220kV某线路D腿基础发生冻胀，导致角钢塔出现倾斜，致使C腿主材发生断裂现象。经测量，杆塔倾斜度为2.1%，超出杆塔倾斜度规定的1%，绝缘子顺线路偏斜角度为19.948°，超出绝缘子串顺线路偏斜角度7.5°的要求，见图7-1。

图7-1 220kV某线路基础冻胀主材断裂

该杆塔型号ZK1-ZMC1-30，导线型号JL/G1A-240/30，地线型号GJ-80，绝缘子型号U70BP/146-1，U120BP/146。基础形式为GZZ1型灌

注桩基础，桩深 10.2m，基础地面露高 2.2m，埋深 8m，桩径 1.2m。

该线路沿线地貌单元分为低山、山间河谷地貌，无可开采矿藏、无采空区的影响，该塔位于小型孤立盆地河漫滩沼泽中，植土：呈黄褐色，以黏性土为主，含植物根系及较多碎石，埋深 0.00～0.50m；圆砾：杂色，稍湿～饱和，中密，成分以辉长岩碎屑为主，粉质黏土及粗砂填充，含少量卵石，分选不均，埋深 0.50～10.50m；辉长岩（强风化）：灰色，岩体较破碎，多呈碎石状，局部呈块石状，埋深 10.50～11.50m；辉长岩（中等风化）：灰色，岩体较完整，多呈块石状，埋深 11.50～15.00m。地下水初见水位为 1.50m，雨季时地下水位上升至地表。线路地基土的标准冻结深度约为 2.60m。

该地区气象环境为夏季最高温度可达 39.5℃，冬季最低温度可达 −41℃，最高年温差可达 80℃左右，年平均气温 3.2℃，年降水量 500mm 左右。冻害隐患发生时最高气温为 −22℃，最低气温为 −37℃。

7.1.2　原因分析

在季节性冻土地区施工灌注桩基础时，由于钻机的转动产生热量，改变了冻土的温度环境，使得部分冰块融化，钻孔塌孔、扩孔，形成扩径桩，冻土地区扩径桩易产生切向冻胀力，从而引起桩身上拔。施工季节一般应选择低温环境下施工，若在气温高于 0℃的季节施工，可采用加长护筒以减少扩径。成孔方法为非挤土桩（旋挖、正反循环等）和挤土桩，挤土桩（冲击钻等）引起地面隆起和土体侧移，易造成桩表面粗糙，切向冻胀力加大，引起冻胀。

通过桩基检测结果，该塔 A、D 腿均有扩径，较严重的为 D 腿，地基标准冻深 2.6m，桩露出地面高度 1.4m，标准冻深线距桩顶 4m，D 腿扩径距桩顶 3.56m，在冻深范围内，引起桩身上拔，见图 7-2。

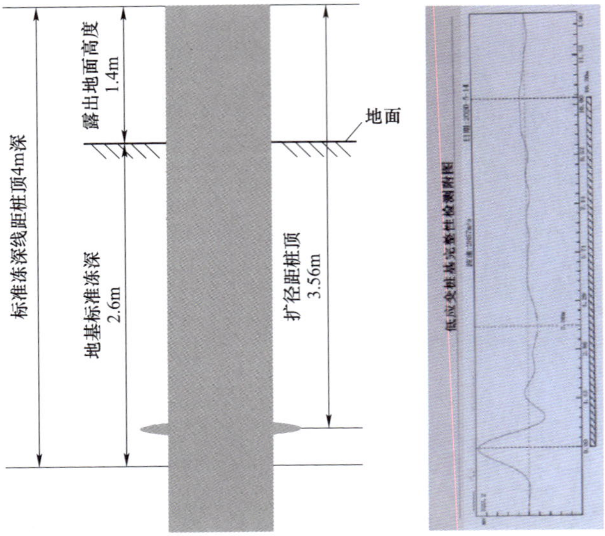

图 7-2　基础桩上拔示意图及检测图

7.1.3　采取措施

7.1.3.1　临时措施

为减缓杆塔倾斜速度，防范杆塔倾斜或其他外力因素致使杆塔整体倾倒，采取塔腿焊接加固及安装临时反向拉线防倾倒措施。在安装临时拉线前，在杆塔 23m 处的塔身上进行补强，使用杉木杆采用水平剪刀撑方式，回形横杆对塔身进行补强，拉线挂点处方木垫护，软胶皮绑扎以防塔材损伤变形。地锚埋深根据附件地锚埋深计算埋深不低于 3m，净埋深不低于 2.83m，角度不大于 20°，见图 7-3。

图 7-3 临时措施效果图

7.1.3.2 永久措施

为彻底根治该冻害隐患，在不改变线路原有设计路径的基础条件下，通过设计荷载校核，向大号侧延伸 12m 重新浇筑基础，新基础采取防冻胀措施，施工中严格按照相关工艺要求控制施工质量，完成隐患治理，见图 7-4。

图 7-4 永久措施效果图

7.2 杆塔基础冻胀裂纹

7.2.1 基本情况

某年 10 月，220kV 某线路因杆塔基础冻裂，导致基础桩体裂纹粉化，出现部分外部碎块脱落现象，见图 7-5。

图 7-5 220kV 某线路基础裂纹

该杆塔基础形式为 GZZ1 型灌注桩基础，桩深 12.4m，基础地面露高 2.4m，埋深 10m，桩径 1.2m。

该塔位于河漫滩沼泽地带，无采空区影响，线路地基土的标准冻结深度约为 3m。冬季气温极寒，每年有 6 个月冻结期，该地区夏季最高温度可达 39.5℃，冬季最低温度可达 -46.5℃，最高年温差可达 81℃左右，年平均气温 -8～5℃，年降水量 477.9mm 左右，冻害隐患发生时最高气温为 -2℃，

最低气温为 - 17℃。

7.2.2　原因分析

杆塔基础受长期自然环境风蚀影响，导致混凝土基础表面出现细微裂纹，在这样的运行条件下，混凝土基础在初冬时期，日间受光照影响，基础表面温度高于环境温度，基础表面的覆雪逐渐消融，混凝土基础吸附所处运行环境中的水分，夜间环境温度骤降，使混凝土基础中的水分发生冻结膨胀，使原本细微的裂纹增大，在多次此类冻融循环过程中混凝土基础表面裂纹吸附的水分随裂纹的扩大而逐渐增加，导致混凝土基础裂纹严重，混凝土凝结强度降低，使其逐渐粉化。

7.2.3　采取措施

为确保杆塔基础受力均匀，保持平衡，对杆塔基础分别进行对角开挖。通过把粉化混凝土清除并对其表面进行支模浇筑修复，完成基础裂纹粉化的隐患治理，见图 7-6。

图 7-6　支模浇筑混凝土治理效果图

7.3 接地装置冻胀断裂

7.3.1 基本情况

某年 11 月，220kV 某线路杆塔基础发生冻胀，杆塔倾斜值尚满足运行要求，接地引下线因此发生塑性变形，测量接地电阻超出设计值规定，经对接地体开挖检查发现，接地引下线有明显断开点，见图 7－7。

图 7－7 220kV 某线路基础冻胀接地引下线断裂

该杆塔基础形式为 GZZ1 型灌注桩基础，桩深 15m，基础地面露高 2.4m，埋深 12.6m，桩径 1.2m，接地引下线为：ϕ10mm，B 级钢材料，埋深 2m。

该线路沿线地貌单元分为低山，地势低洼易积水处，附近有农耕地，该塔位于山谷低洼带，耕土：黑色或黑褐色，松散，主要以粉质黏土及粉土为主，混有少量的植物根系厚层 0.5～0.7m；粉土混碎石类土：灰色，深灰色，湿，碎石颗粒组成以火山岩为主，中密，切面无光泽反应，摇振反应迅速，干强度低，韧性低，黏粒含量＞10%。下部充填物为砂土。此层局部碎石锹镐挖掘较困难；粉质黏土：黄褐色、灰褐色，无摇振反应，干强度、韧性中等，切面稍有光泽，可塑。强风化基岩：灰褐色，湿～饱和，稍密，颗粒组成以火成岩为主，充填物为砂土。

该地区气象环境为夏季最高温度 30℃，冬季最低气温－44℃，平均年温差可达 74℃。年平均气温 3.5℃，年降水量 450mm 左右。冻害隐患发生时最高气温为－8℃，最低气温为－26℃。

7.3.2　原因分析

该基础位置相对低洼，汛期降雨量与往年同期降雨量相比大幅度增加，地下水位升高明显，接地引下线长期浸泡在浑浊的泥水中，造成其锈蚀，腐蚀程度较高，机械强度降低。同时该地区为高寒地区，基础周围土体因冻胀作用，导致杆塔基础上拔，接地引下线因土体冻胀发生塑性形变，加剧接地引下线腐蚀部分机械强度进一步降低，随着基础冻胀的发生接地引下线随之向上发生位移，使其内部应力增加，在腐蚀严重处发生脆性断裂，进而造成接地装置的机械拉断损伤。

7.3.3　采取措施

7.3.3.1　临时措施

完成该杆塔接地引线焊接，保证接地装置导通性良好，接地电阻值满足运行要求。

7.3.3.2 永久措施

结合冻胀杆塔基础治理，对接地体及接地引下线进行改造，在采取新型防腐措施的同时，改变接地引下线长度并增加其拉伸裕度，以防止接地引下线再次因基础冻胀发生断裂，见图 7-8。

图 7-8 接地装置改造效果图

7.4 导地线覆冰舞动

7.4.1 基本情况

某年 4 月，500kV 某线路因覆冰舞动导致相间故障跳闸，重合闸未动作，三次强送电成功，见图 7-9。

图 7-9　500kV 某线路故障区段及放电通道

该故障档杆塔型号为 DZ22-44，导线型号为 6×LGJ-240/30，导线为倒三脚排列，导线相间距为 7m，导线设计覆冰厚度为 10mm，设计风速为 34m/s，档内子导线间隔棒 8 支，最大次档距 72.375m，螺旋不等距相间间隔棒 5 支，两端杆塔高差 48.8m，档距 545m。

故障区段地形为山谷风口区。气候类型为高原气候，常年主导风为西风，故障发生时为雨夹雪天气，气温在 -7～-9℃，瞬时最大风速 24.1m/s。

7.4.2　原因分析

导线覆冰舞动跳闸情况分析：

（1）气象环境造成线路覆冰，故障发生地点当日温度在 -5～7℃，下午 15 时左右雨夹雪天气，气温骤降形成湿雪，现场相对湿度 80%，主导风为西北风，且风向与线路夹角大于 45°，导线在该气象条件下形成偏心覆冰。现场测量导线覆冰厚度 15.56mm。导线实际覆冰厚度超出了设计覆冰厚度。

（2）风激励造成覆冰舞动，当日瞬时风力可达 9 级烈风，偏心覆冰导线在风激励的作用下，发生自激振荡与线路舞动。

（3）杆塔形式抗舞动性弱，故障杆塔为紧凑型杆塔，导线为倒三脚排列，导线相间距 7m，易发生相间短路故障，见图 7－10。

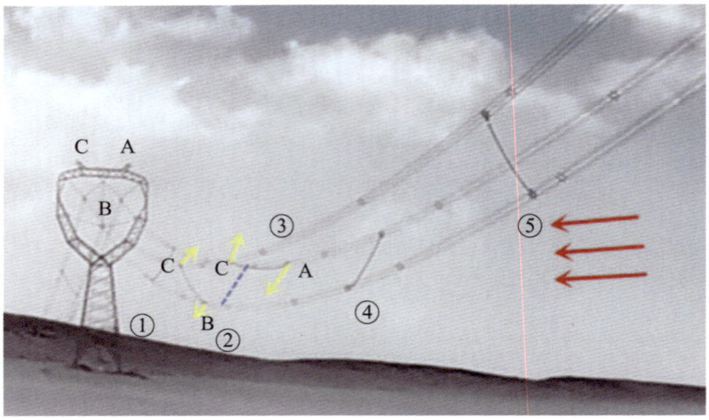

图 7－10　500kV 某线路故障区段示意图

（4）间隔棒安装不规则造成线路受力不均衡，故障档之间采用螺旋不等距方式分别装设 5 支相间防舞间隔棒，① AB、② BC、③ AC、④ AB、⑤ BC，放电点位于②③之间，在大风和相间间隔棒的作用下，③ 号间隔棒 A 相靠近 B 相，C 相逆风侧移动，② 号间隔棒 C 相逆风侧移动，B 相顺风向移动，导线发生覆冰舞动时，在舞动和间隔棒的综合作用下，三相导线会发生不规则运动，分裂导线整体在间隔棒的支撑和拉伸作用下，作用力的受力点不能保持在两相分裂导线中心位置上，导致舞动过程中各相分裂导线整体发生扭转，产生了导线舞动与自身扭转并存的状态。相间间隔棒在两侧导线舞动、扭转力的作用下发生弯曲，同时导线在相间间隔棒的拉力作用下产生相向运动，相间距离逐渐缩短，当小于最低电气安全距离时，AB 相发生相间短路放电，引起线路故障跳闸，由于风力持续不断作用，使 AB 相始终距离不足，造成强送不成功。

7.4.3　采取措施

1. 大档距改造

故障区段进行档距改造，在档内加装一基常规耐张塔，增加该区域抗风、防舞能力，见图 7–11。

图 7–11　故障区段改造效果图

2. 更换间隔棒

与故障线路区段气象、地理环境相同的线路，优化相间间隔棒安装间距与数量，见图 7–12。

图 7–12　相间间隔优化安装效果图

3. 加装在线监测装置

安装智能间隔棒及数据传输基站、舞动监测智能网关及状态传感器、覆冰在线监测装置，对线路覆冰舞动情况进行监测，见图 7–13。

图 7–13　加装在线监测装置效果图

7.5　覆冰过荷载串倒事故

7.5.1　基本情况

某年 4 月，某地区遭受局地强风、雨雪冰冻灾害天气，雨雪冰冻天气过程降水相态变化复杂、降水量大、覆冰厚度远超输电线路设计。此次冻害共造成多条线路故障停电，发生大面积倒塔事件，见图 7–14。

故障地区地形以丘陵、平地为主，发生灾害时该地区气温 1℃，东北风 6 级，雨夹雪，空气湿度 98%，极大风速达 26.3m/s（10 级），24h 降水量 24.8mm，雨夹雪转雪，最大降雪深度达 45mm，电力设备覆冰严重，最大测量覆冰厚度达 120mm，折算后 30.35mm。

图 7-14 某地区线路大面积串倒

7.5.2 原因分析

本灾害区域所有线路设计冰厚均为 10mm，根据实测折算后现场覆冰厚度为 30.35mm，远超设计值。故障线路所处地区空阔，地面障碍物少。在导线覆冰后，局部地区出现大风天气，与线路走向夹角大于 45°，风荷载较大，致使杆塔无法承受远超设计冰厚和强风荷载双重恶劣工况产生的垂直和水平荷载，发生杆塔倒塌和串倒。

7.5.3 采取措施

针对本次受损的线路，增设了耐张区段，减小档间距离，对倾倒的杆塔和受损的杆体进行了更换。

7.6 耐张线夹冻胀

7.6.1 基本情况

某年1月，1000kV某线路换位塔小号侧上线（B相）换位至大号侧下线（B相）的下牵引串导线端挂点处耐张线夹发生冻胀。

该线路导线型号8×JL1/LHA1－465/210型铝合金芯铝绞线，引流线（换位塔过度引线）型号8×JLK/G1A－725（900）/40型钢芯扩径铝绞线，导线耐张管型号NY－465/210型，换位塔过度引线耐张管型号注脂式NY－725（900）/40型，均采用液压压接方式，见图7－15。

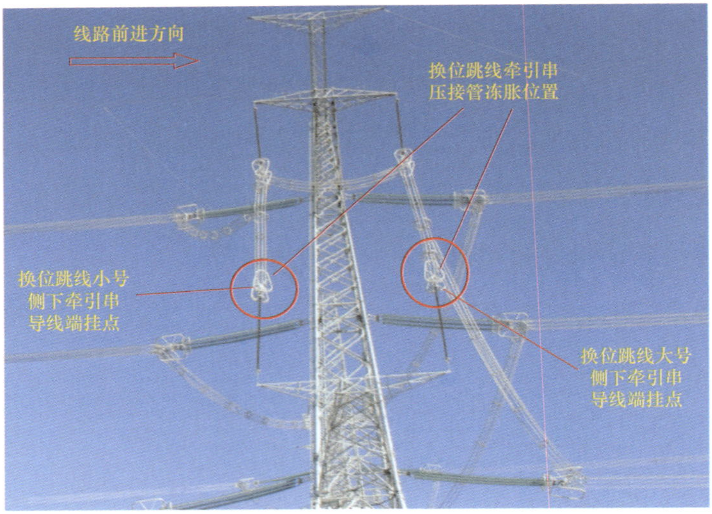

图7－15　1000kV某线路压接管安装示意图

该地区气象环境为夏季最高温度可达 39℃，冬季最低温度可达 –34℃，最高年温差可达 73℃左右，年平均气温 7℃，年降水量 335.7mm 左右。冻害隐患发生时最高气温为 –10℃，最低气温为 –18℃。

7.6.2　原因分析

换位塔因结构限制致使跳线牵引串耐张线夹倒装，耐张线夹管口朝上，自然环境中的水通过朝上的压接管管口沿导线、钢芯之间的缝隙渗入管腔内造成积水，因尾部钢锚封死出口，雨水无法流出，进入冬季后压接管内部留存的雨水发生冻胀，导致压接管非压接部位轻微鼓起。压接管随着运行时间的累积，冬季低温冻胀使压接管空腔内部间隙逐渐变大，积蓄在压接管内的雨水量逐年增多。随着季节交替作用造成该过程恶性循环，冻胀程度愈演愈烈，最终导致压接管产生鼓包甚至纵向裂纹，见图 7–16。

图 7–16　1000kV 某线路压接管冻胀

7.6.3　治理措施

进行耐张线夹更换，在压接管尾部空鼓边缘开 1 个排水孔，同时在上部对侧开 1 个通风孔，开孔直径为 6mm，见图 7－17。

图 7－17　耐张线夹不压区打渗水孔效果图

在采取以上措施的同时，对相同安装方式的压接管均进行排查，并进行开孔防止同类隐患再次发生。

7.7　绝缘子冰棱桥接引发绝缘闪络

7.7.1　基本情况

某年 4 月，500kV 某线路发生冰棱桥接，导致绝缘子覆冰闪络故障，见图 7－18。

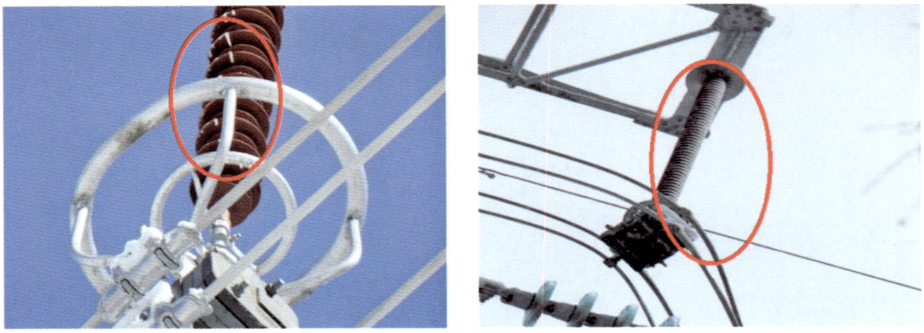

图 7－18　500kV 某线路冰棱桥接

该杆塔型号 ZBCK1，绝缘子型号 FXBW－500/300－2，导线型号 JL/G1A－400/35，地线型号分别为 GJ－100 和 OPGW 光缆。

该区段线路为南北走向，平均海拔高度为 1190m，地形以山地为主，气候类型为温带大陆季风气候，常年主导风为北风，与线路走向夹角呈 15°，周边无污染源。

该地区气象环境为夏季最高温度可达 39℃，冬季最低温度可达－29℃，最高年温差可达 68℃左右，年平均气温 4℃，年降水量 381mm 左右。冻害发生时天气情况为雨夹雪并伴有沙尘天气，气温在－2～3℃间，北风，风速 10.2m/s，相对湿度为 94%RH，降水量 2.9mm。

7.7.2 原因分析

（1）过冷却水（雨、湿雪）在与绝缘子发生碰撞时，过冷却水在绝缘子表面凝结，形成绝缘子覆冰（雪）。由于雨夹雪持续时间长达 14h，输电线路杆塔绝缘子串表面的覆冰（雪）逐渐形成冰凌桥接，绝缘强度下降，造成绝缘子绝缘电气性能降低。

（2）在融冰阶段，受沙尘天气影响，融化的冰（雪）水与沙尘融合，提升了融冰（雪）水的电导率，最终导致电力线路绝缘闪络故障，见图 7－19。

图 7－19　500kV 某线路绝缘闪络故障

7.7.3 采取措施

根据该杆塔所处地区环境特点，避免在相同气象条件下再次发生同类故障隐患，将该区段原有复合绝缘子更换为插花式玻璃绝缘子，见图 7-20。

图 7-20 插花式玻璃绝缘子效果图

7.8 紧凑型杆塔三脚挂架断裂掉线

7.8.1 基本情况

某年 02 月，500kV 某线路杆塔中相挂点三脚挂架断裂，导线在悬挂塔窗内与塔材放电，线路跳闸，重合不成功，见图 7-21。

该杆塔型号为 DZ24，导线型号为 6×LGJ-240/30，导线为倒三脚排列，垂直档距 722m。

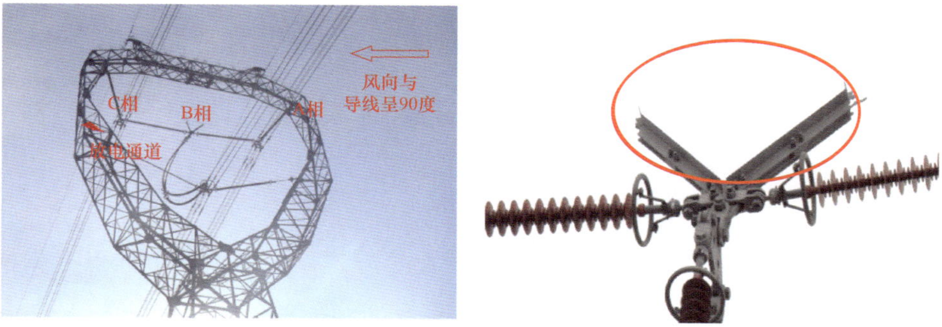

图 7-21　500kV 某线路杆塔中相挂点三脚挂架断裂

该杆塔地处山顶开阔地段，跨越左右山谷，线路走向与常年主导风向夹角近 90°。

该地区气象环境为夏季最高温度可达 39℃，冬季最低温度可达 -29℃，平均年温差可达 68℃左右，年平均气温 4℃，年降水量 381mm 左右。冻害故障发生时气温 -20～-28℃，风力 8～9 级。

7.8.2　原因分析

故障塔三脚挂架采用 Q345 型钢材，该型号钢材属高锰钢，强度高于普通钢材，但受地形与主导风向夹角影响，导线震动频繁，故障杆塔挂架受力高于同地形其他杆塔挂架，易产生磨损。

现场测量导线覆冰厚度 15.56mm，导线实际覆冰厚度超出了设计覆冰厚度。挂架因覆冰、覆雪荷载急剧增加，加之线路风荷载增加，在综合荷载共同作用下，挂架所承受荷载超出设计标准，承载能力不足，造成金具断裂。

故障发生在一季度，杆塔长时间处于低于 -20℃的温度环境，在金属疲劳、钢材脆性增大和大风冲击荷载的共同作用下导致一部分挂架杆件在螺栓孔部位脆断，挂架其他杆件失去平衡张力、受冲击荷载随即撕裂。

7.8.3 采取措施

对故障杆塔更换了三脚挂架并改变连接方式，对同类型单挂点三脚挂架杆塔采取了内三脚挂架补强、金具串补强两种加固措施，见图 7-22。

图 7-22 金具补强效果图

名 词 术 语

1. 过冷却水：指温度低于零度的液体水。

2. 冻土：温度在0℃或0℃以下含有冰的土（岩）。

3. 多年冻土：冻结状态持续二年或二年以上的土（岩）。

4. 季节冻土：地表层冬季冻结夏季全部融化的土（岩）。

5. 季节冻结层：每年寒季冻结、暖季融化，其年平均地温大于 0℃的地表层，其下层为非冻结层或不衔接多年冻土层。

6. 季节融化层：每年寒季冻结、暖季融化，其年平均地温低于 0℃的地表层，其下层为多年冻土层。

7. 冻胀：土体发生冻结时，由于其中水分的冻结和体积膨胀，导致土体冻结后土的体积膨胀、或地面鼓起的现象。

8. 融沉：土体发生融化时，由于其中冰的融化和体积收缩，导致土体融化后土的体积缩小、或地面下沉的现象。

9. 湿地：被水淹或地下水位接近地表、或浸润时间足以浸湿或水成过程并以水成土壤、水生植被和适应潮湿环境的生物活动为标志的土地。

10. 沼泽：沼泽是平坦且排水不畅的洼地，地面长期处于过湿状态，或者滞留着流动微弱的水，生长着喜湿和喜水的植物，有泥炭沉积。

11. 沼泽化湿地：具有沼泽特征的湿地。

12. 厚层地下冰：地下冰厚300mm及以上的土（岩）。

13. 径流：陆地上的降水汇流到河流、湖库、沼泽、海洋、含水层或沙漠的水流。

14. 径流量：在水文上有时指流量，有时指径流总量。即一定时段内通过河流某一断面的水量（单位为：m^3/s），或在某时段内通过总水量叫做径流总量。

15. 雨凇：指过冷却降水碰到温度等于或低于零摄氏度的物体表面时所形成玻璃状的透明或无光泽的表面粗糙的冰覆盖层，俗称“树挂”，也叫冰凌、凝冻。

16. 雾凇：指过冷水滴碰撞到同样低于零摄氏度的物体时，迅速冻结成小冰粒，冰粒之间有气孔，具有白色外表和粒状结构，形成雾凇。被过冷却云环绕的山顶上最容易形成雾凇。

17. 混合凇：指雨凇和雾凇的连续冻结物。当温度在冰点以下，风比较猛时，则形成混合凇，积冰有时透明，有时不透明。

18. 覆冰期：一般指每年 12 月 1 日至次年 3 月 1 日，各省可根据本省实际情况制定覆冰期起止日期。

19. 输电导线覆冰：指过冷却水滴凝结在输电线路导线上，造成输电线路导线被冰包住的现象。

20. 气象监测：指对输电线路附近的一种或多种气象要素进行测量。

21. 覆冰预测：指提前对电网覆冰的程度、形势和线路厚度进行预测。

22. 覆冰预测预警：指根据覆冰预测结论和线路覆冰实况，对未来电网覆冰情况进行等级划分并预警。

23. 覆冰观测：指人工通过仪器、工具测量线路现场气象参数和模拟导线覆冰情况来间接反映输电线路覆冰情况。

24. 冰情监测：指通过冰情在线监测装置自动测量输电线路现场气象参数和覆冰情况。

25. 冰情监测装置：指安装在导线、地线（含 OPGW）、绝缘子、杆塔、杆塔基础等上的基于各种原理的信息测量装置，通过信道将覆冰测量信息传送到集中监控系统。

26. 交流融冰：指利用交流电流的热效应融化输电线路导（地）线的覆冰。

27. 中低压交流融冰：指利用 35kV 及以下电压等级的交流电源，对输电线路导（地）线进行短路发热融冰的方法。

28. 高压交流融冰：指利用 110（66）kV 电压等级的交流电源，对输电线路导（地）线进行短路发热融冰的方法。

29. 直流融冰：指利用交流电源，通过直流融冰装置将交流转化为直流，对输电线路导（地）线施加直流电流进行短路发热融冰的方法。

30. 融冰电流：指覆冰后，在相应的环境温度、风速条件和给定的时间下，使导（地）线覆冰层融化的电流。

31. 最小融冰电流：指冰冻雨雪气象条件下，在相应的环境温度和风速条件下，使导（地）线覆冰层融化所需的最小电流。

32. 最大融冰电流：指在融冰过程中，在相应的环境温度和风速条件下，使导（地）线的温度在规程规定的安全范围内的最大电流。

附录 A　输电线路防冻害相关规程规范

表 A-1　　输电线路防冻害相关规程规范

序号	名称	文号
1	《国家电网公司架空输电线路防冰害工作手册》	
2	《国家电网公司架空输电线路运维管理规定》	国家电网公司运检/4 305—2014
3	《国家电网公司十八项电网重大反事故措施》	国家电网公司设备〔2018〕979 号
4	《国家电网有限公司关于印发设备隐患排查治理管理规范的通知》	国家电网公司设备〔2022〕124 号
5	《110kV～750kV 架空输电线路设计规范》	GB 50545—2010
6	《110kV～750kV 架空输电线路施工及验收规范》	GB 50233—2014
7	《架空输电线路运行规程》	DLT 741—2019
8	《架空输电线路杆塔结构设计技术规定》	DL/T 5154—2012
9	《输电线路气象监测装置技术规范》	Q/GDW 1243—2015
10	《建筑地基基础设计规范》	GB 50007—2011
11	《架空输电线路基础设计技术规程》	DL/T 5219—2017
12	《混凝土结构设计规范》	GB 50010—2015
13	《架空输电线路基础设计技术规程》	DL/T 5219—2014
14	《建筑桩基技术规范》	JGJ 94—2018
15	《电气装置安装工程接地装置施工及验收规范》	GB 50169—2016

附录 B　基础冻胀与融沉计算

（1）开挖基础季节冻土上拔校验

$$\gamma_f T_0 \leqslant \gamma_E \gamma_S \gamma_{\theta 1}(V_t - \Delta V_t - V_0) + Q_f$$

式中　γ_S ——基础底面以上的土的加权平均重度，kN/m³；

$\gamma_{\theta 1}$ ——基础底板上平面坡角影响系数，当坡角＜45°时取 0.8，当坡角≥45°时取 1.0；

$V_t - V_0$ ——上拔临界深度内的上拔土体积，m³；

ΔV_t ——相邻基础影响微体积，m³。

尺寸相同的相邻基础，同时作用设计上拔力，当采用上两式计算上拔稳定时，不再考虑相邻基础影响系数。

（2）开挖基础多年冻土上拔校验

$$\gamma_f T_0 \leqslant 4\gamma_E h_c \tau_f (h_c \tan\alpha_p + B) + Q_f$$

式中　γ_f ——基础附加分项系数；

表 B-1　　基础附加分项系数表

设计条件	上拔稳定		倾覆稳定
	重力式基础	其他各类型基础	各类型基础
直线杆塔	0.9	1.1	1.1
耐张（0°）转角及悬垂转角杆塔	0.95	1.3	1.3
转角、终端、大跨越塔	1.1	1.6	1.6

T_0 ——上拔力设计值，kN；

γ_E ——水平力影响系数；

表 B－2　　　　水平力影响系数表

水平力 H_e 与基础顶面上拔力 T_e 之比	水平力影响系数 γ_E
0.15～0.4	1～0.9
0.4～0.7	0.9～0.8
0.7～1	0.8～0.75

h_c ——基础埋置深度，m；

τ_f ——冻土抗剪强度，kPa，应由试验确定；

α_p ——多年冻土层中的上拔角，°，应由试验确定，也可根据土体类型和地温状态按 20°～30°选取；

B——方形基础底板宽度，m；

Q_f ——基础自重，kN。

（3）开挖基础季节冻土轴心作用下压校验

$$\gamma_{rf}\left(P+\frac{\sum q_i A_i}{A}\right)\leqslant f_a$$

式中　γ_{rf} ——地基承载力调整系数，取 0.75；

P——基础底面压力设计值，kPa，按现行行业标准 DL/T 5219《架空输电线路基础设计技术规程》规定取值；

q_i ——正融土作用在基础表面的负摩擦阻力，kPa，如无实测资料可按 0～10kPa 取值；

A_i——与正融土接触的第 i 层基础侧表面积，m^2；

A——基础底面面积，m^2；

f_a ——修正后的地基承载力特征值，kPa。

（4）开挖基础多年冻土轴心作用下压校验

$$\gamma_{rf}\left(P+\frac{\sum q_i A_i}{A}\right)\leqslant f_{ak}$$

式中 f_{ak}——未经深宽修正的地基承载力特征值，kPa。

（5）开挖基础季节冻土偏心作用下压校验

$$\gamma_{rf}\left(P_{max}+\frac{\sum q_i A_i}{A}\right)\leqslant 1.2f_a$$

式中 P_{max}——基础底面边缘最大压力设计值，kPa。

（6）开挖基础多年冻土偏心作用下压校验

$$\gamma_{rf}\left(P_{max}+\frac{\sum q_i A_i}{A}\right)\leqslant 1.2f_{ak}$$

$$P_{max}=\frac{F+\gamma_G G}{A}+\frac{M_x-M_{ex}}{W_y}+\frac{M_y-M_{ey}}{W_x}$$

$$P_{min}=\frac{F+\gamma_G G}{A}-\frac{M_x-M_{ex}}{W_y}-\frac{M_y-M_{ey}}{W_x}$$

$$M_{ex}=f_c h_b b(L+0.5b)$$

$$M_{ey}=f_c h_b b(L+0.5l)$$

式中 P_{max}——基础底面边缘最大压力设计值，kPa；

P_{min}——基础底面边缘最小压力设计值，kPa；

F——上部结构传至基础顶面的竖向压力设计值，kN；

G——基础自重和基础上的土重，kN；

γ_G——永久荷载分项系数，对基础有利时取 1，不利时取 1.2；

M_x、M_y——作用于基础底面的 x、y 方向的力矩设计值，kN·m；

M_{ex}、M_{ey}——作用于基础底板侧表面的 x、y 方向的冻结力矩设计值，kN·m，当 $M_{ex}\geqslant M_x$ 时取 $M_{ex}=M_x$，当 $M_{ey}\geqslant M_y$ 时取 $M_{ey}=M_{xy}$；

W_x、W_y——基础底面绕 x、y 轴的抵抗矩，m^3；

f_c ——多年冻土与基础侧表面间的冻结强度特征值，kPa，按现场行业标准 DL/T 5501《冻土地区架空输电线路基础设计技术规程》确定；

h_b ——基础底板外边缘与多年冻土冻结的高度，m；

b、l——基础底面的 x、y 方向的宽度，m。

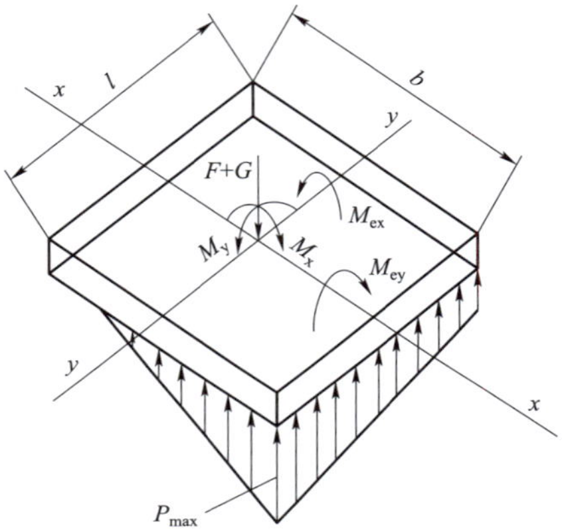

图 B-1　基础底面的 x、y 方向的宽度

（7）开挖基础多年冻土轴心作用下压校验

$$\gamma_{rf}\left(P+\frac{\sum q_i A_i}{A}\right)\leqslant f_{ak}$$

式中　f_{ak} ——未经深宽修正的地基承载力特征值，kPa。

（8）桩基础轴心作用下压校验

$$\gamma_f N_k \leqslant R$$

（9）桩基础偏心作用下压校验

$$\gamma_f N_{kmax} \leqslant 1.2R$$

季节　$$R=\frac{Q_{uk}}{K}=\frac{Q_{sk}+Q_{pk}}{K}=\frac{u\sum\psi_{si}q_{sik}l_i+\psi_p q_{pk}+A_p}{K}$$

多年　$$R=u\sum(f_{cia}l_i)+u\sum(q_{sja}l_i)+q_{fpa}A_p$$

式中 N_k——荷载效应标准组合轴心竖向力作用下，基桩或复合基桩的平均竖向力，kN；

N_{kmax}——荷载效应标准组合偏心竖向力作用下，桩顶最大竖向力，kN；

R——基桩或复合基桩的竖向承载力特征值，kN；

Q_{uk}——竖向承载力标准值，kN；

K——安全系数，取 2；

Q_{sk}——侧阻力标准值，kN；

Q_{pk}——端阻力标准值，kN；

u——桩身周长，m；

ψ_{si}、ψ_p——大直径桩侧阻、端阻尺寸效应系数，按现行行业标准 DL/T 5219《架空输电线路基础设计技术规程》规定取值；

q_{sik}——第 i 层土的极限侧阻力标准值，kPa，按现行行业标准 DL/T 5219《架空输电线路基础设计技术规程》规定取值，当季节活动层为强冻胀或特强冻胀土时，应考虑其融化时产生的负摩阻力，无实测资料时可取 10kPa 和安全系数 K 的乘积，以负值代入；

q_{pk}——极限端阻力标准值，kPa，按现行行业标准 DL/T 5219《架空输电线路基础设计技术规程》规定取值；

l_i——设计冻（融）深以下第 i 层土对应的桩长，m；

A_p——桩端面积，m^2；

f_{cia}——第 i 层多年冻土桩周冻结强度特征值，kPa，按现场行业标准 DL/T 5501《冻土地区架空输电线路基础设计技术规程》确定；

q_{sja}——第 j 层桩周非冻结土侧阻力的特征值，kPa，按现行行业标准 DL/T 5219《架空输电线路基础设计技术规程》规定取值，当季节活动层为强冻胀或特强冻胀土时，应考虑其融化时产生的负摩阻力，无实测资料时可按 10kPa 取值，以负值代入；

q_{fpa} ——桩端多年冻土层的端阻力特征值，kPa，按现场行业标准 DL/T 5501《冻土地区架空输电线路基础设计技术规程》确定。

（10）桩基础上拔校验

$$\gamma_f(T_{ok}+F_k)\leqslant R_{uk}+G_p$$

季节 $$\gamma_f\left(T_{ok}+\sum\phi_\tau\tau_i uz_d\right)\leqslant\frac{\sum\lambda_i q_{sik}u_i l_i}{K}+G_p$$

多年 $$\gamma_f\left(T_{ok}+\sum\phi_\tau\tau_i uz_d\right)\leqslant\sum\left(\lambda_i f_{cia}u_i l_i\right)+\sum\left(\lambda_j q_{sja}u_j l_j\right)+G_p$$

式中 T_{ok} ——寒季冻结期桩基顶面上拔力标准值，kN；

F_k ——设计冻（融）深内的切向冻胀力标准值，kN；

R_{uk} ——设计冻（融）深以下单桩或基桩抗拔承载力特征值，kN；

G_p ——基础自重，水下取浮重，kN；

k——安全系数，取 $K=2$；

λ_i ——桩基抗拔系数，对不冻结土取 0.5；

λ_j ——桩基抗拔系数，对多年冻土取 0.8；

u_i ——桩身周长，m，对于等直径桩取 $u=\pi d$；

l_i ——第 i 层土对应的桩长，m；

q_{sja} ——第 j 层桩周非冻结土侧阻力的特征值，kPa，按现行行业标准 DL/T 5219《架空输电线路基础设计技术规程》规定取值，季节活动层冻结力和侧阻力忽略不计。

附录C　杆 塔 荷 载 计 算

表 C-1　　　　角度风吹荷载分配表

风向角（°）	线条		塔身		水平横担		备注
	X	Y	X	Y	X	Y	
0	0	$0.25W_X$	0	W_{sb}	0	W_{sc}	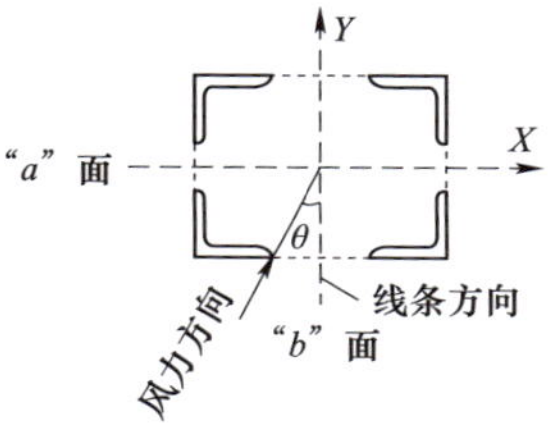
45	$0.5W_X$	$0.15W_X$	$0.424\times(W_{sa}+W_{sb})$	$0.424\times(W_{sa}+W_{sb})$	$0.35W_{sc}$	$0.7W_{sc}$	
60	$0.75W_X$	0	$0.747W_{sa}+0.249W_{sb}$	$0.431W_{sa}+0.144W_{sb}$	$0.4W_{sc}$	$0.55W_{sc}$	
90	W_X	0	W_{sa}	0	$0.45W_{sc}$	0	

注　1. X、Y 分别为垂直与顺导地线方向风荷载的分量；
2. W_X 为垂直于导地线方向的风吹荷载标准值；
3. W_{sa}、W_{sb} 分别为垂直于塔身 a、b 面的风吹荷载标准值；
4. W_{sc} 为垂直于横担正面的风吹荷载标准值；
5. 计算线条风荷载时，θ 为风向与线条间的夹角；计算塔身和横担风荷载时，θ 为风向与垂直于横担方向的夹角。

导地线风荷载标准值

$$W_X=\beta_C\cdot\alpha_L\cdot W_O\cdot\mu_Z\cdot\mu_{SC}\cdot d\cdot L_p\cdot B_1\cdot\sin^2\theta$$

$$\beta_C=\gamma_C(1+2g\cdot I_Z)$$

$$I_Z=I_{10}\cdot\left(\frac{z}{10}\right)^{-a}$$

$$\alpha_L=\frac{1+2g\cdot\varepsilon_c\cdot I_Z\cdot\delta_L}{1+5I_Z}$$

$$\delta_L=\frac{\sqrt{12L_XL_P^3+54L_X^4-36L_X^3L_P-72L_X^4e^{-\frac{L_P}{L_X}}+18L_X^4e^{-\frac{2L_P}{L_X}}}}{3L_P^2}$$

$$W_O=V^2/1600$$

式中 W_X——垂直于导地线方向的风荷载标准值，kN；

β_C——导地线阵风系数；

γ_C——导地线风荷载折减系数，取 0.9；

g——峰值因子，取 2.5；

I_Z——导线平均高度 z 处的湍流强度；

I_{10}——10m 高度名义湍流强度，对应 A、B、C 和 D 类地面粗糙度可分别取 0.12、0.14、0.23 和 0.39；

z——导地线平均高度，m；

α——地面粗糙度指数，对应 A、B、C 和 D 类地面粗糙度可分别取 0.12、0.15、0.22 和 0.3；

α_L——档距折算系数；

ε_c——导地线风荷载脉动折减系数；

表 C－2　　导地线风荷载脉动折减系数

线路类型	大跨越	特高压	交直流 500～750kV	110～330kV
对应下导线平均高度（m）	40	30	20	15
ε_c	0.95	0.85	0.8	0.5

δ_L——档距相关性积分因子，计算跳线时取 1；

L_X——水平向相关函数积分长度，取 50m；

L_P——水平档距，m；

e——自然常数，取 2.71828；

W_O——基准风压，kN/m^2；

V——基准高度为 10m 的风速，m/s；

μ_Z——风压高度变化系数；

表 C－3　　基准高度为 10m 的风压高度变化系数μ_z

离地面或海平面高度（m）	地面粗糙度类别			
	A	B	C	D
5	1.09	1	0.65	0.51
10	1.28	1	0.65	0.51
15	1.42	1.13	0.65	0.51
20	1.52	1.23	0.74	0.51
30	1.67	1.39	0.88	0.51
40	1.79	1.52	1	0.6
50	1.89	1.62	1.1	0.69
60	1.97	1.71	1.2	0.77
70	2.05	1.79	1.28	0.84
80	2.12	1.87	1.36	0.91
90	2.18	1.93	1.43	0.98
100	2.23	2	1.5	1.04
150	2.46	2.25	1.79	1.33
200	2.64	2.46	2.03	1.58
250	2.78	2.63	2.24	1.81
300	2.91	2.77	2.43	2.02
350	2.91	2.91	2.6	2.22
400	2.91	2.91	2.76	2.4
450	2.91	2.91	2.91	2.58
500	2.91	2.91	2.91	2.74
≥550	2.91	2.91	2.91	2.91

μ_{SC}——导地线体型系数，线径小于 17mm 或覆冰时取 1.2，线径大于等于 17mm 时取 1.1；

d——导地线外径或覆冰计算外径，分裂导线取所有子导线外径总和，m；

B_1——导地线覆冰风荷载增大系数，5mm 区取 1.1，10mm 区取 1.2，无冰取 1，计算张力取 1；

θ——风向与导地线方向夹角，°。

杆塔风荷载标准值

$$W_S = W_O \cdot \mu_z \cdot \mu_s \cdot \beta_z \cdot B_2 \cdot A_S$$

$$W_O = V^2 / 1600$$

式中 W_S——杆塔风荷载标准值，kN；

μ——构件体型系数；

β_z——高度 z 处的杆塔风阵系数。

型钢（角钢、槽钢、工字钢和方钢）构件 μ_s 取 1.3（$1+\eta$）。

表 C-4　　塔架背风面荷载降低系数 η

A_s/A b/a	≤0.1	0.2	0.3	0.4	0.5	>0.6
≤1	1	0.85	0.66	0.5	0.33	0.15
2	1	0.9	0.75	0.6	0.45	0.3

注　A 为塔架轮廓面积，a 为塔架迎风面宽度，b 为塔架迎风面与背风面间距离，中间值可按线性插入法计算。

表 C-5　　圆断面杆件

$\mu_z \cdot W_0 \cdot d_2 \leqslant 0.003$	μ_s 为 0.8 倍的型钢 μ_s 数值
$0.003 < \mu_z \cdot W_0 \cdot d_2 < 0.021$	插入法计算
$\mu_z \cdot W_0 \cdot d_2 \geqslant 0.021$	μ_s 为 0.6 倍的型钢 μ_s 数值

钢管和角钢混合结构，μ_s 应按不同类型杆件迎风面积分别计算或按照杆塔迎风面积加权平均确定。

表 C-6　　钢管杆

环形、十六边形及以上	μ_s 为 0.9
十二边形	μ_s 为 1.1
八边形及六边形	μ_s 为 1.2
四边形	μ_s 为 1.6

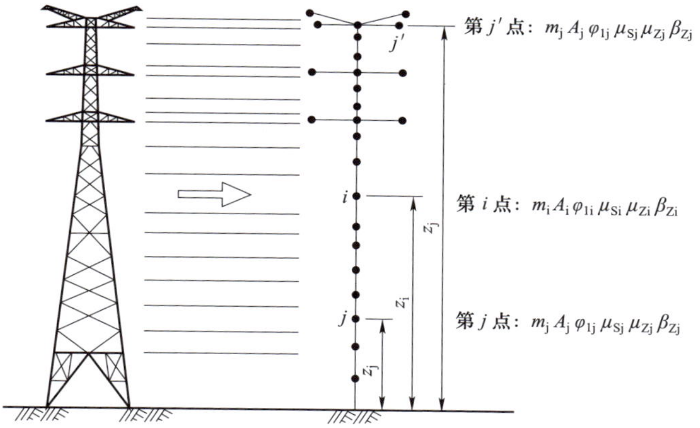

图C－1　杆塔风振系数β_z计算示意图

$$\beta_{zi}=1+2g\cdot\varepsilon_i\cdot I_{10}\cdot B_{Zi}\sqrt{1+R^2}$$

$$B_{Zi}=\frac{m_i\phi_{1i}}{\mu_{Si}\mu_{Zi}A_i}\cdot\frac{\sqrt{\sum_{j=1}^{n}\sum_{j'=1}^{n}\left(\mu_{Sj}\mu_{Zj}\phi_{1j}\overline{I}_{Zj}A_j\right)\left(\mu_{Sj}\mu_{Zj}\phi_{1j'}\overline{I}_{Zj'}A_j\right)coh_z(z_j,z_{j'})}}{\sum_{j=1}^{n}m_j\phi_{1j}^2}$$

$$R^2=\frac{\pi}{6\zeta_1}\frac{x_1^2}{(1+x_1^2)^{43}}$$

$$\overline{I}_Z=(z/10)^{-a}$$

$$coh_z(z_j,z_{j'})=e^{-\frac{|z_j-z_{j'}|}{60}}$$

$$x_1=\frac{30f_1}{\sqrt{k_w W_0}}\Delta x_1>5$$

式中　　ε_i——杆塔风荷载脉动折减系数；

表C－7　　杆塔风荷载脉动折减系数

杆塔类型	$H\geqslant40$m 的杆塔	$H\leqslant20$m 的杆塔	$40<H<20$m 的杆塔
ε_i	1	0.6	线性插入法计算

B_{Zi}——背景因子；

m_i、m_j、m_j——第 i、j、j 段质量，kg；

ϕ_1 ——结构一阶振型系数，可由结构动力分析确定；

I_Z ——湍流强度沿高度的分布函数；

A_i、A_j、$A_{j'}$ ——第 i、j、j' 段迎风面构件投影面积计算值，m^2；

$coh_z(z_j, z_{j'})$ ——竖向相干函数；

R——共振因子；

z——塔段离地高度，m；

ζ_1 ——结构一阶阻尼比，钢结构杆塔可取 0.02；

f_1 ——结构一阶自振频率，Hz；

k_w ——对应 A、B、C 和 D 类地貌分别取 1.284、1、0.544 和 0.262。

B_2 ——构件覆冰荷载增大系数，5mm 区取 1.1，10mm 区取 1.2，无冰情况取 1；

A_s ——迎风面构件投影面积计算值，m^2。

绝缘子串风荷载标准值

$$W_I = n \cdot \lambda_1 \cdot W_O \cdot \mu_z \cdot \mu_{S1} \cdot B_3 \cdot A_I$$

式中 W_I ——绝缘子串风荷载标准值，kN；

n ——垂直风向绝缘子联数；

λ_1 ——顺风向绝缘子串风荷载屏蔽折减系数，单联取 1，双联取 1.5，三联取 2，四联取 3，V 串取 2；

μ_{S1} ——绝缘子串体型系数，可取 1；

B_3 ——绝缘子串覆冰风荷载增大系数，5mm 区取 1.1，10mm 区取 1.2，无冰取 1；

A_I ——单联绝缘子串承受风压面积计算值，m^2。

附录D 导线覆冰厚度计算

（1）根据导地线覆冰冰样长度、重量，折算成标准覆冰厚度，导线覆冰厚度计算公式如下：

$$b=\frac{1}{2}\times(\sqrt{1414.7G+d^2}-d)$$

式中 b——平均覆冰厚度，mm。

G——导线每米长度覆冰重量，kg/m，按模拟线上的冰重应增加10%。

实际操作中可将拉线、模拟线上覆冰敲下后称量，也可根据公式

$$G=\frac{\pi}{4}(D^2-d^2)g_0$$

D——包括导线冰的直径，mm，用游标卡尺测出。

d——导线直径，mm，用游标卡尺测出。

g_0——冰的比重取0.9。

（2）直接量取导地线覆冰冰样厚度，取算术平均值作为标准覆冰厚度。

$$b=\frac{A+B}{4}-r$$

式中 b——导线覆冰冰厚，mm；

A——冰棱长径，mm；

B——冰棱短径，mm；

r——导线半径，mm。

附录E 导地线覆冰雪荷载计算

（1）冰荷载

$$I_k = n_s \cdot g \cdot \rho_1 \cdot c \cdot \pi \cdot (c + d_1) \cdot L_v$$

式中 n_s——导线分裂数；

g——重力加速度，取9.8；

ρ_1——冰密度，取0.9g/cm^3；

c——设计冰厚，m；

d_1——地线或单根导线外径，m；

L_v——垂直档距，m。

断线（或分裂导线纵向不平衡张力）情况取100%冰荷载标准值，不均匀覆冰情况取75%冰荷载标准值。

（2）断线张力。

表E-1 10mm及以下冰区导地线断线张力（分裂导线纵向不平衡张力） %

地形	地线	悬垂塔导线			耐张塔导线	
		单导线	双分裂导线	双分裂以上导线	单导线	双分裂以上导线
平丘	100	50	25	20	100	70
山地	100	50	30	25	100	70

表E-2 10mm及以下冰区大跨越导地线断线张力（分裂导线纵向不平衡张力） %

覆冰厚度mm	地线	悬垂跨越塔导线	耐张塔导线	
			单导线	双分裂及以上导线
≤10	100	60	100	70

表 E-3　10mm 冰区不均匀覆冰导地线不平衡张力　%

悬垂塔导线		耐张塔导线	
导线	地线	导线	地线
10	20	30	40

各类杆塔均应考虑所有导地线同时同向有不均匀覆冰的不平衡张力。

大跨越稀有覆冰不平衡张力应按脱冰档内脱冰重量不小于稀有覆冰重量的 50%计算。

附录F 防舞动最小对地间隙校核方法

（1）根据电网舞区分布图，结合线路设计气象条件，排查出线路舞动区段。

（2）收集线路技术参数，包括直线杆塔型式和导线参数等，计算导线覆冰弧垂，绘制导线舞动运动轨迹椭圆图，量出导地线或导线间的间隙距离。导地线间隙不小于工频电压最小相对地间隙，导线间的间隙不小于工频电压最小相对地间隙的 $1.05\sqrt{3}$ 倍，排查不满足要求的塔位。

表F-1　110～500kV最小相对地间隙　m

标称电压（kV）	110	220	330	500	
工频电压	0.25	0.55	0.90	1.20	1.30
操作过电压	0.70	1.45	1.95	2.50	2.70
雷电过电压	1.00	1.9	2.30	3.30	3.30

（3）结合线路运行经验，重点对以下情况进行排查：

1）线路路径走向与主导风向交叉角大于45°，地形开阔，以往覆冰较严重的地区。

2）检查双回路垂直排列的线路和紧凑型线路发生舞动后导线间的间隙距离是否满足要求。

3）检查曾经发生过舞动区域附近的线路杆塔部件和金具是否发生损坏，比如间隔棒夹头、螺栓是否松动脱落，球头碗头是否磨损。

4）排查易舞区是否采取防舞措施，已采取措施的有没有达到预期的效果。

防舞动跳闸校核方法如下：

导线舞动的运动轨迹为椭圆形，椭圆形长轴与垂线成一定的夹角。根据苏联和美国的观测数据和研究成果，椭圆形长轴等于舞动幅值，随着档距增大舞动幅值递减，椭圆形短轴取长轴的 0.4 倍，椭圆形夹角为导线风偏角的一半取 5°。导线舞动的相关参数，见图 F－1。

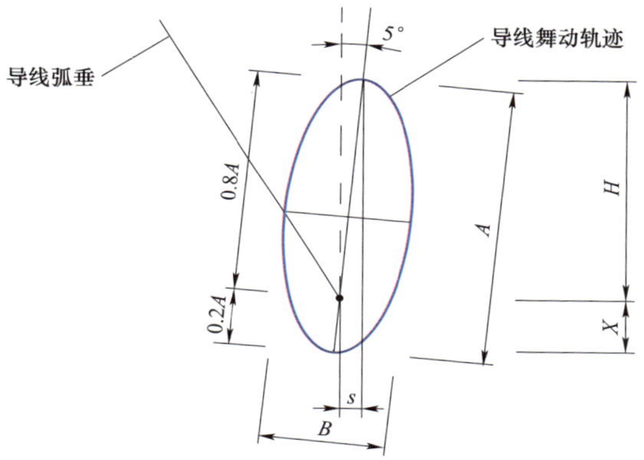

图 F－1　导线舞动运动轨迹椭圆图

从导线舞动运动轨迹椭圆图形，本工程舞动间隙计算如下：

椭圆形长轴：$A=0.2f_{\mathrm{m}}(m)$，f_{m} 为覆冰舞动导线弧垂，冰厚为 5mm，气温为 $-5°$，风速为 10m/s；椭圆形短轴：$B=0.4A\ (m)$；椭圆形夹角：$\varphi=5°$；舞动垂直距离：$H=0.8A\cos\varphi\ (m)$。

根据国内外设计实践和设计经验，对于覆冰舞动情况，相对地间隙按照工频电压间隙取值，相对相间隙按照工频电压相对地间隙的 $1.05\sqrt{3}$ 倍取值，能够保证线路安全运行。由于覆冰形状、尺寸、风速的差异，通常导线和地线不会同时舞动，导线和导线采取相同的舞动参数，因此，可以按照导线舞动地线不动的情况验算相对地距离，按照下导线舞动上导线不动的情况验算相对相距离。通常采用作图法测出导地线或导线间的距离。

附录 G 防脱冰跳跃校核方法

计算导线脱冰跳跃后的电气间隙时，对于单导线通常按照导线脱冰100%进行脱冰跳跃校验。对于分裂导线，轻冰区线路通常按照导线脱冰50%，中重冰区线路通常按照导线脱冰 50%～70%进行脱冰跳跃校验。在杆塔强度计算时，为了得到脱冰跳跃最大不平衡张力，通常按照导线脱冰100%计算。

为了校验脱冰跳跃动态接近距离，导线脱冰跳跃高度计算可以采用苏联经验公式，当档距小于 1000m 时计算方法如下所示。

$$H_c = m\Delta f(2 - L/1000)\ (m)$$

根据湖南院与武高所合作进行脱冰跳跃的试验结果，m 取值如下：

当脱冰率为设计覆冰的 50%时，$m=1.35\times0.5$，取 0.7

当脱冰率为设计覆冰的 60%时，$m=1.35\times0.6$，取 0.8

当脱冰率为设计覆冰的 70%时，$m=1.35\times0.7$，取 0.9

当脱冰率大于设计覆冰 70%时，m 取 1.0

当 H_c 小于 Δf 时则：

$$H_c = \Delta f(2.25 - L/1000)\ (m)$$

式中 H_c ——导线脱冰跳跃高度（以脱冰前弧垂最低点为基准）；

m——局部脱冰系数取 0.5～0.9；

Δf ——脱冰前后导线弧垂差，m；

L——脱冰档档距，m。

连续档导线弧垂计算如下：

在发生脱冰跳跃时，各档的导线应力各不相同，引起悬垂绝缘子串扁移，对杆塔产生不平衡张力，导线应力采用迭代计算方法。

$$\sigma_{i+1}=\left(\frac{G_i}{2S}+\frac{r_i l_i}{2\cos\beta_i}+\frac{r_{i+1}l_{i+1}}{2\cos\beta_{i+1}}+\frac{\sigma_i h_i}{l_i}+\frac{\sigma_i}{x_i}\sqrt{\lambda_i^2-x_i^2}\right)\div\left(\frac{\sqrt{\lambda_i^2-x_i^2}}{x_i}+\frac{h_{i+1}}{l_{i+1}}\right)$$

式中　σ_i、σ_{i+1}——悬垂绝缘子串两侧的电线水平应力，MPa；

γ_i、γ_{i+1}——悬垂绝缘子串两侧的电线比载，N/m.mm^2；

l_i、l_{i+1}——杆塔两侧的档距，m；

h_i、h_{i+1}——杆塔两侧的电线悬挂点高差，m；

β_i、β_{i+1}——杆塔两侧的电线悬挂点高差角，°；

λ_i、λ_{i+1}——悬垂绝缘子串的长度，m；

G_i——悬垂绝缘子串的重量，N；

S——电线的总截面，mm^2。

附录 H 防脱冰跳跃跳闸及倒塔断线校核方法

收集线路技术参数，如杆塔适用的地形特点、海拔、设计风速、导线参数、杆塔呼称高度、水平档距、垂直档距等，对杆塔进行冰荷载核算，排查出不满足要求的杆塔。

线路在大档距、大小档、大高差的情况下发生脱冰跳跃时最容易产生不平衡张力而引起倒塔断线。根据运行经验和模拟计算结果，主要对以下 3 种情况进行脱冰跳跃纵向不平衡张力的校核，对纵向不平衡张力较大的杆塔进行补强。

（1）相邻杆塔地面高差大于 50m。

（2）杆塔两侧档距相差 2.5 倍以上。

（3）档距大于 500m。

计算导线脱冰跳跃后的电气间隙时，对于单导线通常按照导线脱冰 100%进行脱冰跳跃校验。对于分裂导线，轻冰区线路通常按照导线脱冰 50%进行脱冰跳跃校验，中重冰区线路通常按照导线脱冰 50%～70%进行脱冰跳跃校验。在杆塔强度计算时，为了得到脱冰跳跃最大不平衡张力，通常按照导线脱冰 100%计算。

为了校验脱冰跳跃动态接近距离，导线脱冰跳跃高度计算可以采用苏联经验公式，当档距小于 1000m 时计算方法如下所示：

$$H_c = \Delta f(2.25 - L/1000)\ (m)$$

根据国网湖南省电力公司电力科学研究院和武汉高压研究所合作进行脱冰跳跃的试验结果，m 取值如下：当脱冰率为设计覆冰的 50%时，$m = 1.35 \times$

0.5，取 0.7；当脱冰率为设计覆冰的 60%时，$m=1.35\times0.6$，取 0.8；当脱冰率为设计覆冰的 70%时，$m=1.35\times0.7$，取 0.9；当脱冰率大于设计覆冰 70%时，m 取 1.0。当 $H_c < \Delta f$ 时，则

$$H_c=\Delta f(2.25-L/1000)\ (m)$$

式中　H_c ——导线脱冰跳跃高度（以脱冰前弧垂最低点为基准）；

m ——局部脱冰系数，取 0.5～0.9；

Δf ——脱冰前后导线弧垂差，m；

L ——脱冰档档距，m。

连续档导线弧垂计算如下：

在发生脱冰跳跃时，各档的导线应力各不相同，引起悬垂绝缘子串偏移，对杆塔产生不平衡张力，导线应力采用迭代计算方法

$$\sigma_{i+1}=\left(\frac{G_i}{2S}+\frac{r_i l_i}{2\cos\beta_i}+\frac{r_{i+1}l_{i+1}}{2\cos\beta_{i+1}}+\frac{\sigma_i h_i}{l_i}+\frac{\sigma_i}{x_i}\sqrt{\lambda_i^2-x_i^2}\right)\div\left(\frac{\sqrt{\lambda_i^2-x_i^2}}{x_i}+\frac{h_{i+1}}{l_{i+1}}\right)$$

式中　σ_i、σ_{i+1} ——悬垂绝缘子串两侧的电线水平应力，MPa；

l_i、l_{i+1} ——杆塔两侧的档距，m；

h_i、h_{i+1} ——杆塔两侧的电线悬挂点高差，m；

β_i、β_{i+1} ——杆塔两侧的电线悬挂点高差角，(°)；

λ_i、λ_{i+1} ——悬垂绝缘子串的长度，m；

G_i ——悬垂绝缘子串的质量。

附录I 防冰闪跳闸校核方法

有研究表明当覆冰水电导率为80μS/cm时，覆冰前洁净的IEEE标准绝缘子（等同于 XP—70）覆冰（密度为 0.87g/cm^3）后的最大耐受强度为70kV/m；当覆冰水电导率超过120μS/cm，达到200μS/cm甚至更高，并且在覆冰前绝缘子表面已经有污秽物存在，其耐受强度可能低于70kV/m，最低耐受强度只有57kV/m。

因此，对于覆冰清洁地区覆冰耐压水平可取70kV/m，对于覆冰污秽地区覆冰耐压水平可取65kV/m，对于严重污秽覆冰地区覆冰耐压水平可能降到57kV/m。

根据下列的覆冰耐压公式可以求得悬垂I串绝缘子的最小片数，悬垂V串按覆冰闪络电压高于悬垂I串5%进行校核。

$$N=\frac{1.1\times U}{\sqrt{3}\times\lambda\times h}\times 1000$$

式中 N——绝缘子的片数；

U——线路标称电压，kV；

λ——覆冰耐压水平，kV/m；

h——绝缘子的结构高度，mm。

附录 J　防舞动跳闸校核方法

收集线路技术参数，包括直线杆塔型式和导线参数等，计算导线覆冰弧垂，绘制导线舞动运动轨迹椭圆图，量出导地线或导线间的间隙距离。导地线间隙不小于工频电压最小相对地间隙，导线间的间隙不小于工频电压最小相对地间隙的 1.05 倍。

导线舞动的运动轨迹为椭圆形，椭圆形长轴与垂线成一定的夹角。根据苏联和美国的观测数据和研究成果，椭圆形长轴等于舞动幅值，随着档距增大舞动幅值递减，椭圆形短轴取长轴的 0.4 倍，椭圆形夹角为导线风偏角的一半取 5°。导线舞动的相关参数如图 J－1 所示。

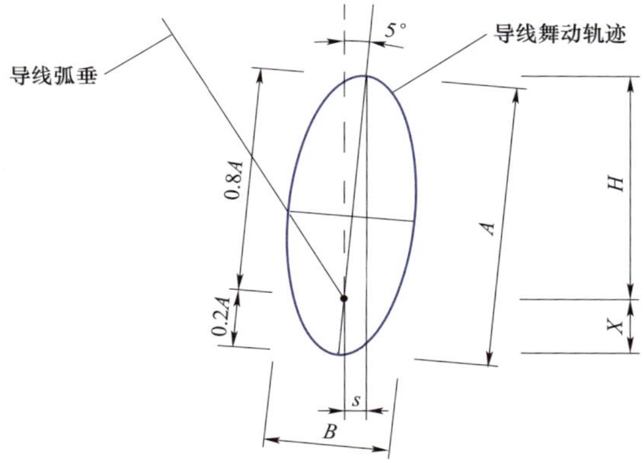

图 J－1　导线舞动运动轨迹椭圆图

从导线舞动运动轨迹椭圆图形，本工程舞动间隙计算如下：

椭圆形长轴：$A=0.2f_{\mathrm{m}}(m)$，f_{m} 为覆冰舞动导线弧垂，冰厚为 5mm，气温为－5°，风速为 10m/s；椭圆形短轴：$B=0.4A\ \ (m)$；椭圆形夹角：$\phi=5^{\circ}$；

舞动垂直距离：$H = 0.8A\cos\varphi$ (m)。

根据国内外设计实践和设计经验，对于覆冰舞动情况，相对地间隙按照工频电压间隙取值，相对相间隙按照工频电压相对地间隙的$1.05\sqrt{3}$倍取值，能够保证线路安全运行。由于覆冰形状、尺寸、风速的差异，通常导线和地线不会同时舞动，导线和导线采取相同的舞动参数，因此，可以按照导线舞动地线不动的情况验算相对地距离，按照下导线舞动上导线不动的情况验算相对相距离。通常采用作图法测出导地线或导线间的距离。

附录K 融冰电流、时间计算

（1）融冰电流。融冰电流应在最小融冰电流和最大融冰电流之间（融冰电流范围）选取，常用导线的最大融冰电流和最小融冰电流见表K-1。

表K-1 常用导线的最大融冰电流和最小融冰电流（覆冰厚度10mm）（参考）

导线型号	最大融冰电流（A）				最小融冰电流（A）			
	-5℃ 5m/s	-5℃ 3m/s	-3℃ 3m/s	-3℃ 5m/s	-5℃ 5m/s	-5℃ 3m/s	-3℃ 3m/s	-3℃ 5m/s
LGJQ-700	2516.06	2078.71	2056.81	2489.52	1038.56	915.66	773.87	877.74
LGJQ-630	2231.01	1843.18	1823.76	2207.47	951.38	839.36	709.39	804.06
LGJQ-500	1953.37	1613.78	1596.78	1932.76	825.92	729.24	616.32	698.03
LGJQ-400	1720.09	1421.03	1406.06	1701.94	737.13	651.38	550.52	622.99
LGJQ-332	1499.80	1239.04	1225.98	1483.97	647.29	572.21	483.61	547.06
LGJQ-300	1410.05	1164.87	1152.59	1395.16	617.17	546.07	461.52	521.60
LGJQ-240	1260.70	1041.48	1030.50	1247.39	558.94	494.92	418.29	472.39
LGJQ-185	982.60	811.72	803.17	972.23	449.02	398.30	336.62	379.49
LGJQ-150	851.37	703.30	695.89	842.38	396.25	351.86	297.37	334.89
LGJJ-400	1783.02	1473.04	1457.51	1764.20	757.26	668.80	565.24	640.00
LGJJ-300	1496.81	1236.57	1223.53	1481.02	647.12	572.16	483.57	546.92
LGJJ-240	1240.42	1024.73	1013.93	1227.33	547.88	485.03	409.92	463.05
LGJJ-185	1031.26	851.92	842.94	1020.37	465.54	412.66	348.76	393.45
LGJJ-150	882.27	728.84	721.15	872.96	406.11	360.39	304.58	343.23
LGJ-400	1689.02	1395.37	1380.66	1671.20	722.53	638.42	539.56	610.65
LGJ-300	1486.87	1228.35	1215.40	1471.18	644.92	570.32	482.01	545.06
LGJ-240	1202.01	993.00	982.54	1189.33	531.87	470.89	397.98	449.51
LGJ-185	1013.38	837.16	828.33	1002.69	459.78	407.67	344.54	388.58

续表

导线型号	最大融冰电流（A）				最小融冰电流（A）			
	－5℃ 5m/s	－5℃ 3m/s	－3℃ 3m/s	－3℃ 5m/s	－5℃ 5m/s	－5℃ 3m/s	－3℃ 3m/s	－3℃ 5m/s
LGJ－150	848.67	701.07	693.68	839.71	393.75	349.58	295.45	332.78
LGJ－120	747.73	617.69	611.17	739.84	353.03	313.74	265.16	298.37
LGJ－95	647.27	534.69	529.05	640.44	310.23	276.01	233.27	262.19
LGJ－70	512.98	423.75	419.28	507.56	256.49	228.66	193.25	216.78
LGJ－50	405.63	335.06	331.53	401.35	209.98	187.55	158.51	177.46
LGJ－35	337.46	278.75	275.81	333.90	179.87	157.00	132.69	149.21
GJ－50	157.01	129.76	128.40	155.36	83.58	74.72	63.15	70.64
GJ－70	210.44	173.93	172.10	208.22	107.90	96.27	81.36	91.19
GJ－120	302.03	249.65	247.03	298.85	146.48	130.29	110.12	123.80

融冰电流的计算公式如下：

1）最小融冰电流的计算

$$I_{\min}=\sqrt{\frac{\Delta t}{R_0(R_{T0}+R_{T1})}}$$

其中

$$R_{T0}=\frac{\lg\frac{D}{d}}{273\lambda}$$

式中　$I_{\min}$——最小融冰电流，A；

R_0——0℃时导线的单位长度电阻，Ω/m；

Δt——导体温度与外界温度之差，℃；

R_{T0}——等效冰层传导热阻，°·cm/w，按下式计算：

D——导体覆冰后的外径，cm；

d——导线直径，cm；

λ——导热系数，w/cm·°，取值为：雨凇，$\lambda=2.27\times10^{-2}$；雾凇，

$\lambda = 0.12\times10^{-2}$；

R_{T1} ——对流及辐射等效热阻°·cm/w，按下式计算

雨凇：　$R_{T1} = \dfrac{1}{0.09D + 0.22 + 0.73(VD)^{2/3}}$

雾凇：　$R_{T1} = \dfrac{1}{0.04D + 0.84(VD)^{3/4}}$

V ——风速，m/s。

2）最大融冰电流的计算。

① 当风速＞2m/s

$$I_{max} = \sqrt{\left[7.24\left(\frac{318+0.5t_2}{1000}\right)\sum id + 0.7\left(\frac{Vd}{2}\right)^{\frac{3}{4}}(90-t_2)\right] / R_{90}}$$

② 当风速≤2m/s

$$I_{max} = \sqrt{0.0314d\left[2\sum i(1+0.01t_2) + 5.1\left(\frac{1}{d}\right)^{0.25}\right](90-t_2)^{1.3} / R_{90}}$$

式中　R_{90} ——90℃时导线的单位长度电阻，Ω/m；

I_{max} ——最大融冰电流，A；

t_2 ——外界温度，℃；

d ——导线直径，cm；

V ——风速，m/s；

$\sum i$ ——辐射系数，取值如下：冰 0.64，霜 0.32，铜 0.6，铝 0.11，铁 0.25。

3）融冰容量计算。

① 交流融冰所需容量计算：

$$S_{min} = 3I_{min}^2 l\sqrt{r_0^2 + x_0^2}$$

$$S_{max}=3I_{max}^2 l\sqrt{r_0^2+x_0^2}$$

式中　S_{min}——最小融冰容量；

S_{max}——最大融冰容量；

I_{min}——输电线路的最小融冰电流；

I_{max}——输电线路的最大融冰电流；

l——输电线路的长度；

r_0——输电线路的单位长度电阻；

x_0——输电线路的单位长度电抗。

② 直流融冰所需容量计算：

$$P_{min}=1.5I_{min}^2 r_0 l$$

$$P_{max}=2I_{max}^2 r_0 l$$

式中　P_{min}——最小直流融冰容量；

P_{max}——最大直流融冰容量；

I_{min}——输电线路的最小融冰电流；

I_{max}——输电线路的最大融冰电流；

l——输电线路的长度；

r_0——输电线路的单位长度电阻；

系数 1.5——融冰方式为输电线路两相并联再与第三相串联；

系数 2——融冰方式为输电线路两相串联。

（2）融冰时间。现场环境决定了以程序计算或者查融冰曲线得出的理论融冰时间与实际融冰时间存在一定的差别，在融冰过程中运检单位应派人进行现场观测，按照观测情况合理控制融冰时间。

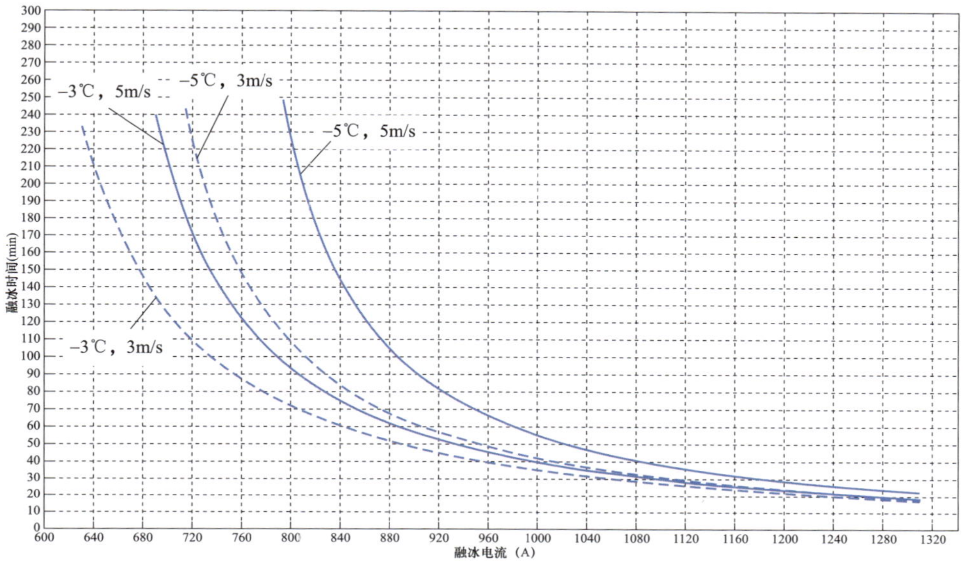

图K–1　LGJ–400导线融冰电流–融冰时间曲线（参考）

融冰时间计算公式如下：

$$T_r = \frac{10g_0db + \dfrac{0.045g_0D^2}{R_{T0}+R_{T1}}\left(R_{T1}+0.22\dfrac{R_{T0}}{\lg\dfrac{D}{d}}\right)\Delta t}{I_r^2R_0 - \dfrac{\Delta t}{R_{T0}+R_{T1}}}$$

式中　I_r——融冰电流，A；

R_0——0℃时导线的单位长度电阻，Ω/m；

T_r——融冰时间，h；

Δt——导体温度与外界气温之差，℃；

g_0——冰的比重（一般按雨凇取0.9）；

b——冰层厚度，即覆冰每边冰厚，cm；

D——导体覆冰后的外径，cm；

R_{T0}——等效冰层传导热阻，按前面所述公式 $R_{T0}=\dfrac{\lg\dfrac{D}{d}}{273\lambda}$ 计算。

附录L 防过荷载隐患校核方法

（1）悬垂串的强度校核。

1）安全系数：瓷质盘形绝缘子尚应满足正常运行情况、常年荷载状态下安全系数不小于 4.5，常年荷载是指年平均气温下绝缘子所受的荷载。

2）允许荷载：在常年、断线、断联情况下，绝缘子的相应最大允许使用荷载[TJ]，可按下式计算：

$$[TJ]=TJ/K$$

式中 TJ——绝缘子的额定机电破坏负荷，kN；

K——绝缘子的机械强度安全系数。

采取双联和多联解决。所需绝缘子的联数可根据其所受最大荷载确定，即

$$N \geqslant G/[TJ]$$

式中 G——绝缘子承受的最大荷载，kN。

双联及以上的多联绝缘子串应验算断一联后的机械强度。

在重要跨越处：如铁路、高等级公路和高速公路、通航河流以及人口密集地区，悬垂串宜采用独立挂点的双联悬垂绝缘子串结构。

在山区线路中，由于地势起伏高差大，垂直档距往往大于水平档距较多，会出现垂直荷载超过绝缘子串允许荷载的情况，必须对绝缘子串所受荷载进行校核。当最大弧垂发生在最大垂直比载时，悬垂串允许机电荷载相应的垂直档距为

$$l_{\mathrm{v}}=\frac{W_{\mathrm{J}}-(n-1)G_{\mathrm{J}}-Q}{\gamma_3 A}$$

式中　Q——金具覆冰后总重量，kg；

A——架空线的截面积，s；

γ_3——架空线的覆冰无风比载，kN；

W_{J}——绝缘子的允许机电荷载，kN；

G_{J}——单片绝缘子覆冰后的重量，kg。

只要杆塔垂直档距不大于上式的计算值，悬垂串的机电强度就能满足要求。

（2）耐张绝缘子串强度校核。架空线悬挂点的最大张力不应大于耐张绝缘子串的允许荷载，否则需要增加耐张串联数或改用较大吨位的绝缘子，或者放松该耐张段的架空线以降低张力。耐张串的几种组装方式见图L－1。

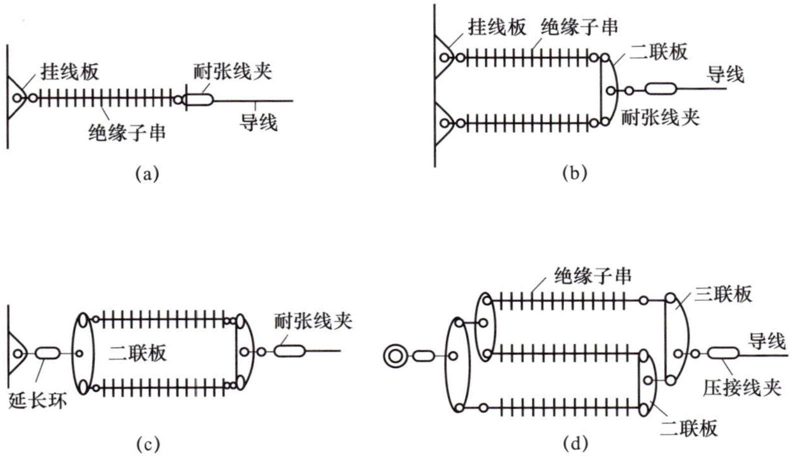

图L－1　耐张串的几种组装方式

（3）悬垂线夹的强度校核。悬垂线夹在线路正常运行情况下，主要承受由导线的垂直载荷和水平载荷组成的总载荷。悬垂线夹应在导线最大载荷情况下满足一定的安全系数 K：

$$K = T_b/T \geqslant 2.5$$

式中 T——导线最大荷载，kN；

T_b——悬垂线夹的破坏载荷，kN。

附录 M　防过荷载倒塔断线校核方法

（1）绝缘子机械强度的安全系数，双联及以上的多联绝缘子串应验算断一联后的机械强度，其荷载及安全系数按断联情况考虑。

瓷质盘形绝缘子尚应在正常运行的常年荷载下满足安全系数不小于 4.0。

绝缘子机械强度的安全系数 K_1 下式计算：

$$K_1 = T_R / T$$

式中　T_R——绝缘子的额定机械破坏负荷，kN；

T——分别取绝缘子承受的最大使用荷载、断线、断联荷载或常年荷载，kN。

常年荷载是指年平均气温条件下绝缘子所承受的荷载。断线、断联的气象条件是无风、无冰、最低温度月的最低平均气温。

（2）金具强度的安全系数不应小于下列数值：最大使用荷载情况 2.5，断线、断联情况 1.5。

（3）地线绝缘时宜使用双联绝缘子串。

（4）与横担连接的第一个金具应转动灵活且受力合理，其强度应高于串内其他金具强度。

（5）对于直线型重要交叉跨越塔，包括 110 千伏及以上线路，铁路和高速公路，一级公路，一、二级通航河流等，应采用双悬垂绝缘子串结构，且宜采用双独立挂点；无法设置双挂点的横担杆塔可采用单挂点双联绝缘子串结构。

（6）应加强对沿线已建线路设计、运行情况的调查，并在初步设计文件中以单独章节对冰灾调查结果予以论述。

（7）选择线路路径在可研设计阶段利用地形图、航摄照片以及卫星图片等，尽可能避开严重覆冰如山颠、垭口、分水岭等高差很大的“微气象点”，海拔高、粗糙度低、坡向变率大的微地形区域。实在无法避开的，要适当提高结构重要性系数，加强线路结构强度，提高线路抗冰能力。

（8）对于山区线路，设计时应校验导地线悬挂点应力，其数值不大于导线破坏应力的44%。

附录N　抢修塔组立流程

1. 主要设计条件及参数（见表 N–1）

表 N–1　　主要设计条件及参数表

电压等级	500kV	适用线路	直线
导线型号	6XLGJ–300/50	地线型号	GJ–80
水平档距	650M	垂直档距	750M
最大风速	30m/s	覆冰厚度	10mm
呼高	33M	总高	39
主柱截面	□950mm	横担截面	□600mm
安全系数	2.5		

2. 整体组装示意图（见图 N–1）

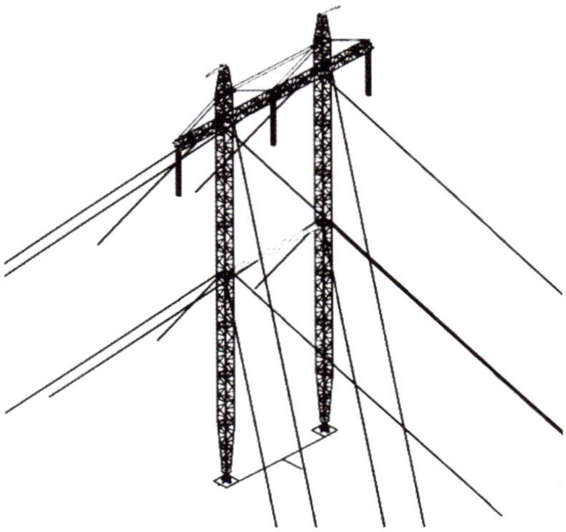

图 N–1　整体组装示意图

3. 组装 500kV 门型抢修塔所需部件（见表 N-2）

表 N-2　　组装 500kV 门型抢修塔所需部件

序号	部件名称	数量	备注
1	地线挂板	2	
2	2m 上段	2	
3	4m 直段	16	
4	2m 直段	2	
5	3m 下段	2	
6	拉杆金具	2	
7	金具挂点	3	
8	3m 横担	8	
9	四通法兰	2	
10	横隔梁连接金具	2	
11	横隔梁组件	1	
12	下帽连接叉	2	
13	平板底座	2	
14	拉杆组件		拉杆具体数量见后面（拉杆组装示意）
15	螺栓	28	下帽连接叉及底线挂板与主柱连接螺栓
16	螺母	28	
17	垫圈	28	
18	螺栓	132	横担连接螺栓
19	螺母	132	
20	垫圈	132	
21	螺栓	440	主柱连接螺栓
22	螺母	440	
23	垫圈	440	

以上部件数量为组装一副 500kV 门型抢修塔所需要的数量。

4. 主要部件连接示意

（1）主柱杆段连接型式（见图 N－2）。

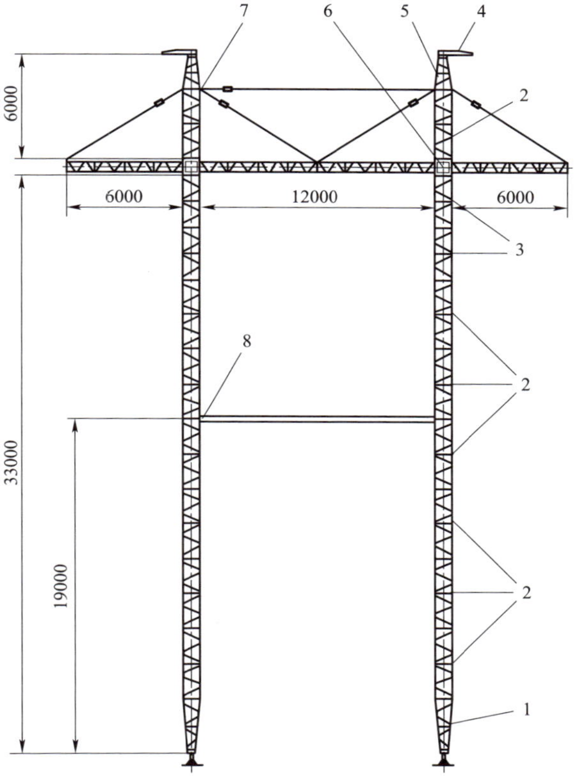

图 N－2　主柱杆段连接型式

表 N－3　　主柱杆段构建数量

序号	部件名称	数量
1	3m 下段	2
2	4m 直段	16
3	2m 直段	2
4	地线挂板	2
5	2m 上段	2
6	四通法兰	2

续表

序号	部件名称	数量
7	拉杆金具	2
8	横隔梁连接金具	2

（2）地线挂板与主柱的连接（见图 N－3）。

图 N－3　地线挂板与主柱的连接

（3）横担连接型式（见图 N－4）。

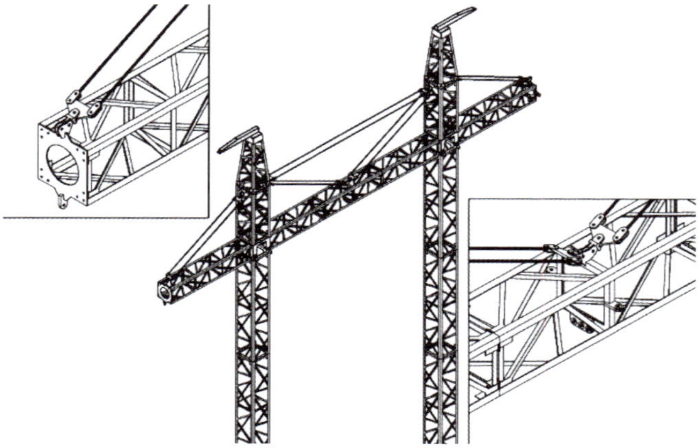

图 N－4　横担连接型式（一）

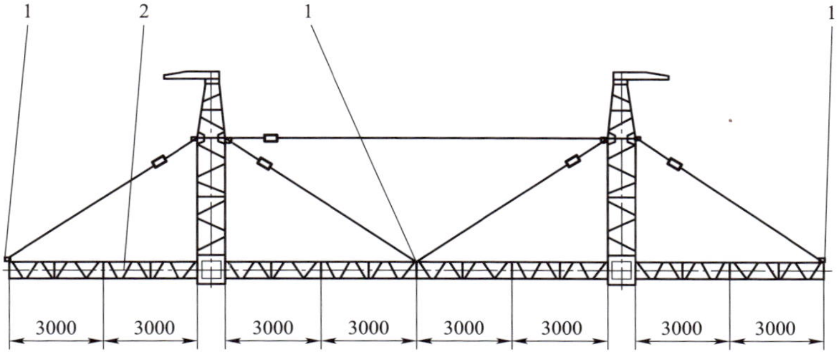

图 N-4 横担连接型式（二）

表 N-4 横担连接型式构件数量

序号	部件名称	数量
1	金具挂点	3
2	3m 横担	8

（4）底座连接型式（见图 N-5）。

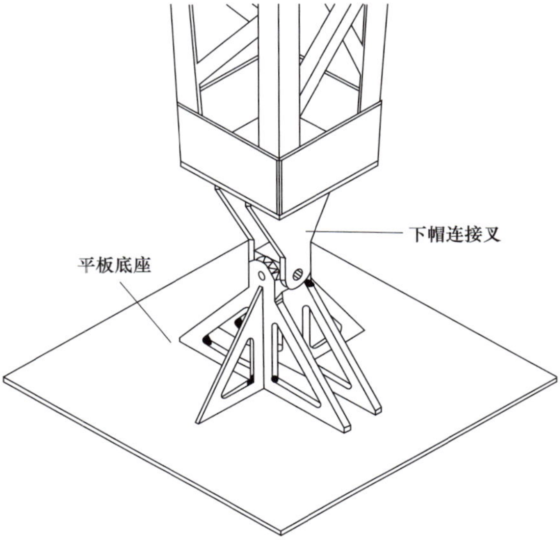

图 N-5 底座连接型式

（5）横隔梁连接型式（见图 N－6）。

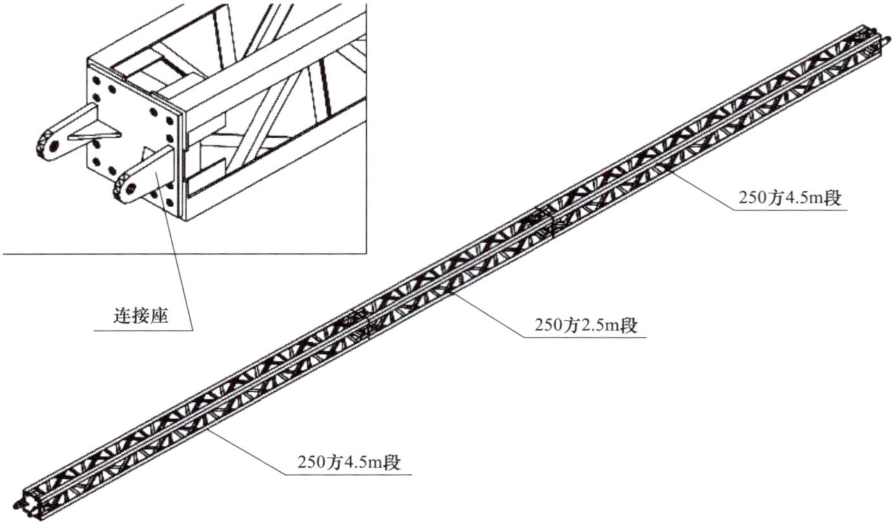

图 N－6　横隔梁连接型式

（6）拉杆连接型式（见图 N－7）。

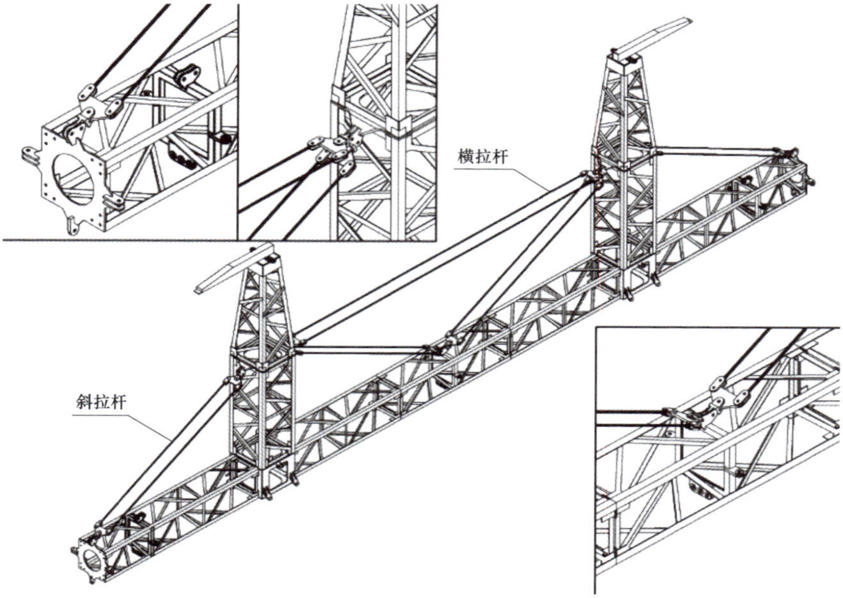

图 N－7　拉杆连接型式（一）

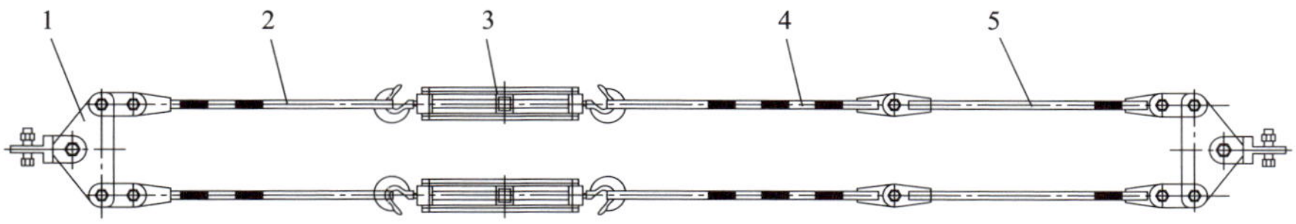

图N-7 拉杆连接型式（二）

表N-5 拉杆构件数量

序号	部件名称	数量	备注
1	连接金具	2	
2	左拉杆	2	长度1700m
3	花篮螺丝	2	
4	右拉杆	2	长度1700m
5	延长杆	2	长度3450m

斜拉杆组合形式（见图N-8）。

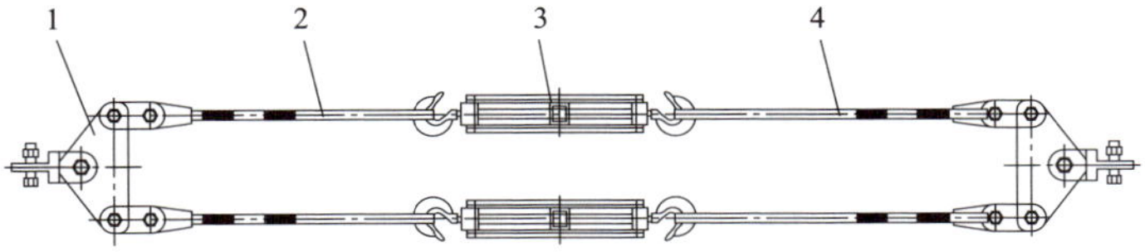

图N-8 斜拉杆组合形式

表N-6 斜拉杆构件数量

序号	部件名称	数量	备注
1	连接金具	2	
2	左、右拉杆	4	长度1700m
3	花篮螺丝	2	
4	延长杆	2	长度2180m

5. 施工安装

（1）选择好立塔位置，铲平基础并打实。

（2）测量准确立柱间距离，固定好平板底座并使之在同一直线上。

（3）杆塔立柱组装参见前面的附图，并按图示顺序进行组装。

（4）装配塔柱上段前应装好四通法兰，并在上段顶端装好地线横担。

（5）组装拉杆。先将抱箍装卡在塔柱上段合适位置，然后将不同长度拉杆装入相应孔位，并预调到使横担平行状态。

（6）拉线设置：根据拉线张力选择拉线型号、拉线角度及地锚型号。

（7）选用人字抱杆整体扳立抢修塔。

（8）调整拉线，使杆塔与地面垂直，调整拉杆，使横担处于水平状态。

（9）分别吊装地线和导线。（导线吊装时，先吊装中相导线，再同时吊装两边相导线）

6. 拉线及地锚布置（见图 N–9）

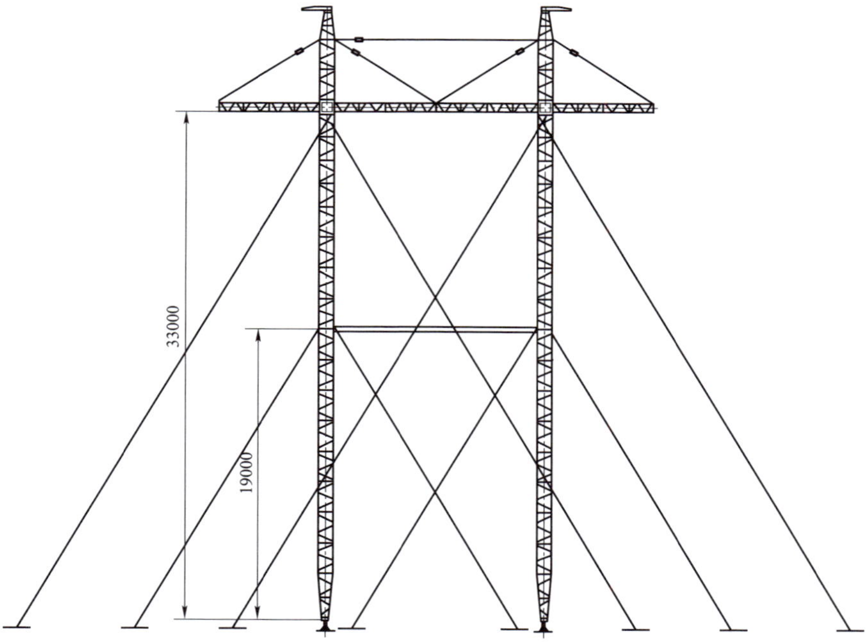

图 N–9　拉线及地锚布置（一）

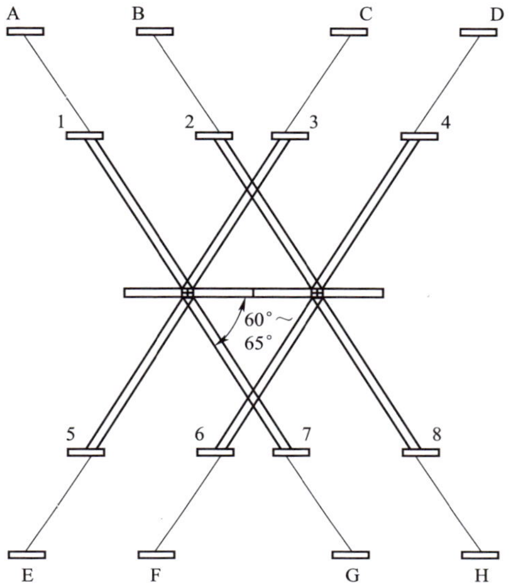

图 N-9　拉线及地锚布置（二）

其中杆塔打拉线主视图：拉线与地面夹角为 45°～50°，设有双层拉线。

杆塔打拉线俯视图；拉线与横担夹角为 60°～65° A，B，C，D，E，F，G，H，为第一层拉线设的地锚点，安装 10T 地锚；1，2，3，4，5，6，7，8 为第二层拉线设的地锚点，安装 8T 地锚。

7. 检查验收

验收人员进行检查验收。

8. 结束工作

收回工具，清理现场，经工作负责人同意，结束工作。

参 考 文 献

[1] 祝永坤，张杰，冯海明，尚鑫，刘伟. 架空输电线路倒拔压接管冻胀原因分析及防范措施 [J]. 内蒙古电力技术，2020，38（03）：37－40.

[2] 祝永坤，刘博，李祥杰，高树永，金光民. 500kV 输电线路覆冰闪络故障原因分析及防范措施 [J]. 内蒙古电力技术，2018，36（05）：79－81.

[3] 祝永坤，李文鹏，刘辰，高树永，蒋鹏. 500kV 紧凑型输电线路覆冰舞动故障分析及防范措施 [J]. 内蒙古电力技术，2016，34（02）：5－9.

[4] 王宝成，祝永坤，张悉正，李向夫，闫海. 高寒草原地区输电线路线路冻害故障原因分析及预防措施 [J]. 内蒙古电力技术，2013，31（01）：96－98.

[5] 祝永坤，王宝成. 高寒地区输电线路铁塔基础冻害原因分析及防范措施 [J]. 内蒙古电力技术，2011，29（06）：90－93.

[6] 吕书清. 影响土体冻结的主要因素及冻胀力分析 [J]. 低温建筑技术，2009.7：87－88.

[7] 柯洁铭，杨平. 冻土冻胀融沉的研究进展 [J]. 南京林业大学学报，2008.28.004：105－108.

[8] 宋丹，张春宁，仝伟，严行建. 碳纤维复合芯棒断裂原因与金具质量的探讨 [J]. 电力金具，2013.002：42－47.

[9] 李庆峰，范峥，吴穹，高剑，宿志一，周文俊. 全国输电线路覆冰情况调研及事故分析 [J]. 电网技术，2008（09）：33－36.

[10] 蒋兴良，马俊，王少华，孙才新，舒立春. 输电线路冰害事故及原因分析 [J]. 中国电力，2005（11）：27－30.

[11] 苑吉河，蒋兴良，易辉，孙才新，谢述教. 输电线路导线覆冰的国内外研究现状 [J]. 高电压技术，2004（01）.